[英国] 吉莉恩·巴特勒 弗雷达·麦克马纳斯 著　韩邦凯 译

生活中的心理学

牛津通识读本·

Psychology

A Very Short Introduction

译林出版社

图书在版编目（CIP）数据

生活中的心理学/（英）巴特勒（Butler, G.），（英）麦克马纳斯（McManus, F.）著；韩邦凯译. —南京：译林出版社，2013.1（2023.12重印）

（牛津通识读本）

书名原文：Psychology: A Very Short Introduction

ISBN 978-7-5447-2979-6

Ⅰ.①生… Ⅱ.①巴… ②麦… ③韩… Ⅲ.①心理学－通俗读物 Ⅳ.①B84-49

中国版本图书馆 CIP 数据核字（2012）第 133135 号

著作权合同登记号　图字：10-2014-197 号

生活中的心理学［英国］吉莉恩·巴特勒　弗雷达·麦克马纳斯／著　韩邦凯／译

特约编辑　张　平
责任编辑　於　梅
责任印制　董　虎

原文出版　Oxford University Press, 1998
出版发行　译林出版社
地　　址　南京市湖南路 1 号 A 楼
邮　　箱　yilin@yilin.com
网　　址　www.yilin.com
市场热线　025-86633278
排　　版　南京展望文化发展有限公司
印　　刷　江苏凤凰通达印刷有限公司
开　　本　890 毫米 × 1260 毫米　1/32
印　　张　9.5
插　　页　4
版　　次　2013 年 1 月第 1 版
印　　次　2023 年 12 月第 19 次印刷
书　　号　ISBN 978-7-5447-2979-6
定　　价　39.00 元

序言

黄希庭

心理学是研究心理现象的科学，它源自生活但又高于生活。

说心理学源自生活，是因为所有的心理学问题都可以追溯至人类的日常生活。在日常生活中我们常常会思考：人是怎样感知周围世界的？做梦是怎么回事？为什么学过的东西会遗忘？怎样的决策最合理？“志当存高远”有道理吗？理智能够控制情绪吗？个人的脾气为什么难以改变？为什么说智商和情商是不同的？我们能够测量心理吗？人为什么会产生心理障碍？人们为什么会随大流？人在独处时与在群体中的行为为什么不一样？以上种种问题心理学家都在不断探索，寻找其科学答案。可以说，凡有人类活动的领域都有心理学的问题。当今时代，心理学家探讨的问题已遍及人们生活实践的许多领域，例如，家庭社区、教育教学、经济商贸、交通航天、医疗保健、军事宗教、人口环保、传媒广告等，并且已经取得了可喜的成就。

说心理学高于生活，是因为它不同于常识，而是力求以科学方法来寻找答案的一门学问。“常识”往往是片断的、相互矛盾的，人们常常用暗含矛盾意味的日常谚语来说明人的心理与行为。例如，“小别胜新婚”说的是人们的一种情绪反应，“眼不见心不烦”说的是另一种情绪反应。类似的日常谚语还有“欲速则不达”与“兵贵神速”，“三个臭皮匠顶个诸葛亮”与“三个和尚没水吃”，“同性相斥，异性相吸”与“物以类聚，人以群分”，“人穷志短”与“人穷志不穷”等等。这些日常谚语是需要用科学方法加以检验的，其中有一些已被心理学研究证明是错误的。例如，“耳听是虚，眼见为实”是指听到的不足为信，亲眼看到的才真实可靠。其实，心理学中大量的视错觉研究表明，亲眼看到的也不是真实可靠的，而在“形重错觉”的实验中，即使手眼并用也难区分真实的重量。又如“饭后百步走，活到九十九”，这一谚语显然是很片面的。当代健康心理学研究表明，一个人的健康与疾病是生物因素、心理因素和社会因素综合作用的结果。生物因素包括基因、病毒、细菌和结构缺陷；心理因素主要包括认知（如对健康的期望）、情绪（如对治疗的恐惧）和行为（如吸烟、饮食、锻炼及酗酒）；社会因素包括行为的社会规范（如吸烟或禁烟的社会准则）、行为改变的压力（如同伴群体的压力、父母的期望）、健康的社会价值（如对健康的重视程度）、社会阶层和职业。再例如，上个世纪 80 年代许多美国人相信高中生课余打工是件好事，其理由是：(1)打工挣钱可以贴补他们未来的教育费用和家庭开销；(2)可以发展他们的工作情操，在日后的职业生涯中他们会承担更多的责任；(3) 有助于他们形成对美国经济的正确看法，提高其学习积极性。美国心理学家的研究却表明，高中生打工弊大于利；打工经验不仅没有使高中生形成对美国经济的正确观念和提高学习的积极性，反而使他们更加厌恶学习和工作，甚至引发了青少年的一些失足行为。有人认为心理学知识好像就是常识。这种说法看似有道理，其实不然。因为心理学是人类了解自身的科学，每个人似乎对自身都有所了解，但是这种了解往往是片面的、非科学的。心理学知识却是心理学家力求用科学方法获得的系统知识，因而心理学高于人们的生活经验，它能指导我们的生活实践。

应於梅责任编辑之邀请，我时断时续地阅读了由韩邦凯翻译、英国 G. Butler 和 F. McManus 所写的《生活中的心理学》一书，觉得颇有意义。之所以说它有意义，其原因有三。一是作者以科学的态度、易懂的文字介绍了心理学的基础知识——心理学的性质、知觉、注意、记忆、思维、动机、情绪、发展心理、个性差异、变态心理、社会心理和心理学的应用；所举的例子大多是对人类心理与行为的研究成果，是一本好的心理学入门书，有助于大众对心理学知识的了解。二是此书在资料选取上力求反映新近的研究成果，引用过的资料都列入在参考文献里，从中可以了解到某些心理学研究的新进展。三是该书结构体系有新意，由引言、人们共同的精神装备、人们的差异性以及心理学的应用四个部分组成，可以说是自成一体。

读书使我们充实，增长知识和才干。读心理学的书会使我们了解自己和他人纷繁复杂的思想、情感和行为。当今社会，竞争加剧，压力巨大，多读几本好的心理学书会有好处。它们会教导我们尊重他人和自己，有助于个人的心理和谐和人际和谐，从而促进社会的和谐与进步。

是为序。

2009 年春于重庆西南大学

有容斋

目录

1 什么是心理学？怎样研究心理学？ 1

2 什么进入到我们的头脑里？知觉 13

3 什么留在我们的头脑里？学习和记忆 27

4 我们如何利用头脑里的东西？思维、推理和沟通 40

5 为什么我们会做我们所做的事情？动机和情绪 53

6 有没有固定的样式？发展心理学 66

7 我们能不能把人分类？个体差异 80

8 在出问题时，发生了什么？变态心理学 93

9 我们如何相互影响？社会心理学 106

10 心理学有什么用？ 118

索引 127

英文原文 133

第一章

什么是心理学？怎样研究心理学？

威廉·詹姆斯是美国的哲学家和医生，也是当代心理学的创始人之一。他在1890年给心理学下的定义是“精神生活的科学”。他的这一定义为我们理解心理学开了个好头，即便是在今天，也可以这么说。我们都有精神生活，因此，心理学究竟是什么意思，我们多少也知道一点。尽管对于心理学的研究，既可以通过鼠和猴，也可以通过人来进行，心理学这个概念依然是难以捉摸的。

威廉·詹姆斯和大多数心理学家一样，对人类心理学特别感兴趣。他认为人类心理学由一些基本成分构成：思想和情感、存在于时空中的物质世界，以及了解它们的方法。对我们每个人来说，这种知识主要是个人的和私人的。这种知识来自我们自己的思想、情感和在生活中的经历，它们可能受科学事实的影响，也可能不受科学事实的影响。由于这个原因，我们把自己的经验当成试金石，很容易对心理学上的问题下判断。我们像业余心理学家似的，对复杂的心理学现象发表看法，比如：洗脑究竟管不管用？我们对其他人为什么会那样行事有着怎样的看法（认为他们正受到侮辱，感到不开心，或突然放弃他们的工作）？然而，如果两个人对这些事情的理解不一样，问题就出现了。正规的心理学想提供方法，来决定哪些解释最可能是正确的，或者来确定各种解释所适用的具体条件。心理学家的工作能帮助我们区分两样东西：一是内部信息，它是主观的，可能是有偏见的和不可信的；二是事实，它存在于我们的先入之见和科学意义上"真的"东西之间。

按照威廉·詹姆斯的定义，心理学与人的头脑或大脑有关。可是尽管心理学家的确研究大脑，我们对大脑所做的工作却了解得太少，还不能了解它在我们经历和表达希望、恐惧和愿望时所起的作用，也不了解它对我们的行为（从生孩子到看足球比赛）所起的作用。实际上，要直接研究大脑几乎是不可能的。于是，心理学家通过研究我们的行为，发现了更多的东西，并且运用他们的观察结果，衍生出了关于我们内部情形的种种假设。

心理学也是和方法有关的，有机体(往往指人)用这些方法来调动他们的心理能力或头脑在世界上活动。随着时间的推移和环境的改变，他们所用的方法也随之改变。进化论认为，有机体如不能适应变化着的环境，就会濒临灭绝(因此才有"适者生存"的说法)。头脑一直是由适应过程塑造的，而且这种塑造依然持续不断。这就是说，我们的头脑之所以会这样运作，是有进化论上的原因的——例如，我们之所以更善于发现移动的东西而不是静止的东西，大概是因为这种能力能帮助我们的祖先逃避肉食动物。了解这些原因，对心理学家来说是重要的，对在其他学科领域(如生物学和生理学)工作的人也同样重要。

心理学研究的固有困难是：科学事实应该是客观的和可检验的。发动机运作的方式是可以观察到的，而头脑的运作是不可直接观察的。在日常生活中，头脑的运作只能间接地被感知，

图 1 威廉·詹姆斯(1842—1910)

得从可以观察到的东西(即行为)中推断出来。研究心理学和玩填字游戏所耗的精力很相似。它包括评估和解释现有的线索，以及用已经知道的东西去填空。另外，线索本身也必须是经仔细观察得来的，必须通过精确的测量。不仅要从尽可能精确的科学严密性的角度来进行分析，还必须用合乎逻辑的和理性的论据来加以解释，这些论据要能经得起公众的考查。我们想要在心理学中知道的很多东西——我们怎么感知、怎么学习、怎么记忆、怎么思考、怎么解决问题、怎么感觉、怎么发展、怎么相互不同和怎么相互联系——都只能间接地去测量，而且，这一切活动都是**由多重因素决定的**：它们受多种因素而不是一种因素的影响。例如，设想一下，你面对一个具体情境(在一个陌生的城镇迷了路)，要做出反应，有多少东西可能影响你。为了找出重要的因素，就得排除其他许多引起混淆的因素。

在心理学中，复杂的相互作用与其说是例外的不如说是常规的，理解这些相互作用靠的是复杂技术和理论的发展。心理学和其他科学的目标是一样的：描述、解释、预测，并学会控制或调整本学科所研究的过程。一旦达到这些目标，心理学将帮助我们理解我们经历的本质。心理学同时还有实际的价值。例如，心理学上的发现在不同的领域都很有用：找出教孩子阅读的更加有效的方法，设计机器的控制板以降低事故的危险性，以及减轻情绪忧郁的人的痛苦等。

历史背景

尽管关于心理学的问题已经讨论了好几百年，但是对这些问题进行科学的调查，还只是过去一百五十年间的事情。早期心理学家依靠**内省**，也就是对自己意识经历的反省，来找出心理学问题的答案。这些早期心理学调查的目的是找出心理的结构。但是，在查尔斯·达尔文于1859年发表《物种起源》之后，心理学的研究范围扩大了，既包括意识的**结构**，也包括意识的**功能**。心理的结构与功能至今仍是心理学家兴趣的中心，但是用内省来研究它们，有明显的局限性。正像弗朗西斯·高尔顿爵士所指出的，它使人“成了一个无助的观察者，观察的只是大脑自动工作过程中的极细微的部分”。用威廉·詹姆斯的话来说，试图通过内省来理解心理，就好像“迅速调大煤气的气焰，看看黑暗是什么样子”。于是，当代心理学家就更喜欢把他们的理论建立在对自己感兴趣的现象(如其他人的行为)的仔细观察之上，而不是建立在对个人经历的反省之上。

1913年，约翰·华生为心理学发表了一篇行为主义的宣言，在其中他声称如果心理学要成为一门科学，那么它所依据的资料必须是可供检验的。这种对可观察的行为而不是内部(不可观察的)心理事件的注重，与一种学习的理论以及一种强调观察和实验的可信方法相联系，这种观察和实验的可信方法至今还影响着心理学。行为主义取向认为一切行为都是条件作用的结果，通过指定**刺激**、观察对刺激的**反应**就可以研究条件作用（**刺激—反应心理学**）。对于发生在这两者之间的**中介变量**，早期的行为主义者认为它们并不重要，但它们后来倒变成了实验假说的主要来源。检验与此相关的假说，使得心理学家总结出了越来越复杂的关于心理结构、心理功能和心理过程的理论。

对20世纪初心理学发展有意义的另外两个影响来自**格式塔心理学**和**精神分析**。在德国工作的**格式塔**心理学家，对心理过程的构成方式有了一些有趣的发现。这些发现说明，如果我们的经历仅仅建立在外部刺激的物理属性上，那么我们的经历就和所期望的不同,结论是“整体大于各部分之和”。例如,当两盏很相似的灯依次闪亮时,我们看到的是一盏灯在两个位置之间移动(这就是电影的原理)。认识到心理过程以这种方式影响经历的性质,就为当代**认知心理学**的发展奠定了基础。认知心理学是心理学的一个分支,研究的就是这类内部过程。

西格蒙德·弗洛伊德的理论引起了心理学家对**潜意识**过程的注意。他的理论与儿童早期经历的持续影响以及理论上的心理结构有关,他把这些心理结构分为**自我**、**本我**和**超我**。**潜意识**过程包括潜在的和不能被人接受的愿望和欲望,这些过程是从梦、口误和怪癖中推断出来的,被认为对行为有一定影响。特别是潜意识冲突,它被假设为心理忧郁的主要原因。精神分析学家可以用协助人们表达这些冲突的办法来帮助缓解忧郁,并且用基于弗洛伊德著作的心理动力理论来解释病人的行为。弗洛伊德的理论建立在观察不到的心理过程之上,这种性质使该理论很难得到科学的检验。多年以来,更科学的或更具解释性的心理学分支沿着各自不同的途径,独自地发展起来了。

当代心理学今天正处在一个令人兴奋的阶段,部分原因是在一些领域,心理学分支之间的分界线正在消弭。怎么才能认识我们不能直接观察的东西,这不光是心理学要解决的问题,其他科学也有这个问题——想想物理学和生物化学吧。技术和理论的进步已经加快了这个进程,这种发展已经改变了心理学作为一门科学的性质,并将引起进一步的变化。心理学家现在能使用复杂的测量仪器、电子设备和改良的统计方法,利用电脑和信息技术中的所有设备来分析多种变量和大量的数据。把头脑当做**信息加工系统**来研究,已经使心理学家发现了更多的无法直接观察到的东西,还有介于刺激和反应之间的种种变量，比如与注意、思维和决策有关的变量。心理学家现在能把他们对这些事情的假设不仅仅建立在由内省得来的假设理论上（像早期的分析学家那样），或建立在对行为的观察上（像早期的行为主义者那样），而且建立在以上两者的综合上，他们采用了更**可信**和更**有效**的观察和测量方法。这些发展，在作为“精神生活的科学”的心理学中引起了一场革命，它们的持续发展意味着还有很多东西有待发现。

心理学作为一门科学

说心理学是科学，是指它只要可能，就使用科学的方法。但是，也必须记住，心理学是一门处于发展初期的科学。心理学家感兴趣的某些东西，光用科学方法还无法完全理解，有些人甚至说这些东西永远无法用科学方法理解。例如，心理学的**人本主义**学派更强调个体对他们主观经历的叙述，而主观经历是很难定量或测量的。在下面的专栏1.1中列举了心理学家使用的一些主要方法。

专栏1.1　心理学家使用的主要方法

实验室里的实验：由某种理论衍生出来的某种假说在受控制的条件下受到检验，这些条件旨在减少两种偏见，一是在实验对象的选择上，二是在被研究变量的测量上。实验结果应该是可复制的，但是也许不可以推广到更接近现实生活的环境中去。

现场实验：在实验室之外，在更自然的条件之下对假说进行检验，但这些实验可能控制得不那么好，较难复制，或不可能推广到其他环境中去。

相关法：评估两个或几个变量之间关系的强弱，例如，阅读水平和注意广度之间关系的强弱。这是数据分析的方法，而不是数据搜集的方法。

行为观察：必须清楚界定所说的行为，观察行为的方法应该是可信的。所观察的感兴趣的行为必须是有代表性的。

个案研究：特别有助于开拓今后的研究，并且可以测量在不同条件下，重复出现的同一个行为。

自我报告和问卷研究：它们提供主观数据，基于自觉(或内省)。它们的信度可以通过好的检验设计来保证，也可以通过对大量有代表性的样本进行标准化的检验来保证。

访谈和调查：也可用于搜集新想法，以及从心理学家感兴趣的人群的反应中取样。

任何科学的发展都取决于它所依据的**数据**。因此，心理学家在数据搜集、分析、解释的方法上，在使用统计数据和解释分析结果时，都必须客观才行。有一个例子可以说明即便所搜集的数据是有效、可信的，解释数据的方法也很容易出现毛病。如果有报告说，百分之九十的虐待儿童的人，在他们小时候都受到过虐待，那么很容易设想，大多数儿时受过虐待的人将会成为虐待儿童的人——实际上这类报道也常常出现在新闻媒体上。事实上，这种解释不能根据逻辑从已知的信息里推断出来——大多数受过虐待的人并不重复这一行为模式。因此，作为研究人员的心理学家，既要学会以客观的方式呈现他们的数据，不能出现误导，又要学会解释他人报告的事实和数字。这需要高水平的和科学的思维。

心理学的主要分支

有人认为心理学不是一门科学，原因是它没有一个统领一切的范例或理论原则作为基础。它是由许多联系松散的思想学派组成的。但是，因为研究主题的关系，这恐怕是不可避免的。对有机体进行的生理学、生物学或化学研究，给心理学家提供了过去所没有的独特的焦点，原因就在于心理学家感兴趣的是心理过程，而心理过程和机体的其他各方面是分不开的。于是，可以预期，心理学研究有许多取向，有的比较接近艺术，有的比较科学，心理学的不同分支看起来就像是被完全分割开来的领域。下面的专栏1.2里列出了心理学的主要分支。

专栏1.2　心理学的主要分支

变态心理学：研究心理官能紊乱及克服的办法。

行为主义心理学：强调能直接观察到的行为、学习和资料搜集。

生物(和比较)心理学：研究不同的物种、遗传模式和行为的决定因素。

认知心理学：致力于找出信息是怎么搜集、处理、理解和使用的。

发展心理学：研究有机体在其一生内是怎样变化的。

个体差异心理学：研究广泛的人群，以便找出和理解典型的差异，比如在智力或人格上的差异。

生理心理学：致力于找出生理状态对心理的影响，以及生理状态对感官、神经系统及大脑的工作的影响。

社会心理学：研究社会行为，以及个体与集体之间的相互作用。

实际上，心理学的不同分支之间以及心理学和相关领域之间，有相当的部分是重叠的。

心理学的近亲

心理学常和一些领域相混淆——说真的，这种混淆还是颇有道理的。第一，心理学不是精神病学。精神病学是医学的一个分支，专门帮助人们克服精神障碍。因此，它致力于研究出问题之后所发生的一切，即精神疾病和精神忧郁。心理学家也在临床工作中应用这些技术，但他们不是医生，他们把对于心理问题和心理忧郁的焦点研究与普通心理过程和心理发展结合起来。他们一般不会开处方，而是往往专门帮助人们理解、控制或调整病患的思想或行为，以便减轻患者的痛苦和忧郁。

第二，心理学也常同心理治疗相混淆。心理治疗是一个牵涉面较广的用词，指的是许多不同类别的心理治疗，但并不单指哪一种。尽管这个词常被用来指治疗中的心理动力和人本主义取向，但是，它也有一种更广泛、更一般的用法，例如，最近，认知行为的心理治疗有了很大的扩展。

第三，还有许多相关领域，心理学家可以在其中工作，或与其他人合作，例如，心理测量学、精神生理学、心理语言学和神经心理学。心理学家在更广阔的新兴领域中也发挥着作用，其他人也对这些领域做出了贡献，例如，认知科学和信息技术，或者在理解心理和生理现象(如紧张、疲劳或失眠)的诸方面。在临床工作中使用的心理学可能是众所周知的，但是，它只是大得多的一门学科的一个分支而已。

本书的目的与结构

我们的目的就是解释和说明为什么心理学在现在看来是有趣的、重要的和有用的，因此，本书着眼于当代的材料。因为大多数心理学家对人感兴趣，所以，大部分例子都来自人类心理学。尽管如此，本书是以这样一种假设开始的，即成为心理学研究对象(同植物或阿米巴虫不一样)的最起码的条件是拥有一套精神控制系统(用非正式的话讲，就是“头脑”)，这套系统使有机体能够在世界上活动。一旦大脑和神经系统进化到相当程度，能被当做一个控制中心来使用，那么，这个控制中心一定能完成这几件事情：采集关于身外世界的信息、注意信息的变化、储存信息以备后用，并且用信息来组织其活动(粗略地讲，就是多得到它想要的东西而少得到它不想要的东西)。不同的有机体用不同的方式做这些事情(例如，它们有不同的感觉器官)，然而，所有物种又都有一些类似的过程(例如，学习的某些类型、情绪的某些表达方式)。心理学家关注的焦点之一就是弄清这些是怎么发生的。于是，第二章到第五章的内容集中在心理学家提出的四个重要问题上：什么进入到我们的头脑里?什么留在我们的头脑里?我们如何利用头脑里的东西?为什么我们会做我们所做的事情?问这些问题的目的是要说明心理学家怎样找出在知觉和注意(第二章)，学习和记忆(第三章)，思维、推理和沟通(第四章)以及动机和情绪(第五章)中所涉及的过程，并试图解释它们以什么方式为我们工作。这些篇章着眼于普遍性即人们的共性。它们的目的是描述我们的“精神装备”，并且看看心理学家的假说和他们为解释其观察结果而构建的一些模型。

心理学家对人们之间的不同之处及其显著多样性的决定因素也感兴趣。如果我们要更好地理解人们，那么，我们就需要把一般的影响和个别的影响区别开来。要是只有一般的样式和规则，而且我们都有一样的精神装备，那么，所有的人在心理学意义上就是相同的，但很明显，人们是不同的。那么，我们该如何解释他们是怎么成为现在这样的？又该如何理解他们的差别、他们的困难及他们之间的相互作用？第六章问道：人类的发展有没有固定的样式？第七章是关于个体差异的，它问道：我们能不能把人分类？第八章问道：在出问题时，发生了什么？这一章集中谈变态心理学。第九章问道：我们如何相互影响？这一章描述了社会心理学。最后，在第十章里，我们问道：心理学有什么用？这一章描述了心理学的一些实际用途，并且对今后预期的发展类型做出了一些推测。

第二章

什么进入到我们的头脑里?知觉

仔细看看图2。这是一个**内克尔立方体**,在两维的平面上它全部由黑线构成。但你**感知**到的却是一个三维的立方体。看这个立方体的时间长一点,就出现了明显的颠倒,立方体的前面变成了面向另一方向的立方体的后面。大脑设法使模棱两可的图画变得有意义,但信息不足以让它从两种解释中做选择,于是,上述两种画面轮番出现,你想不让它们出现都不行。看起来,知觉并不仅是被动地从感官获取信息,而且是一个主动的构建过程。

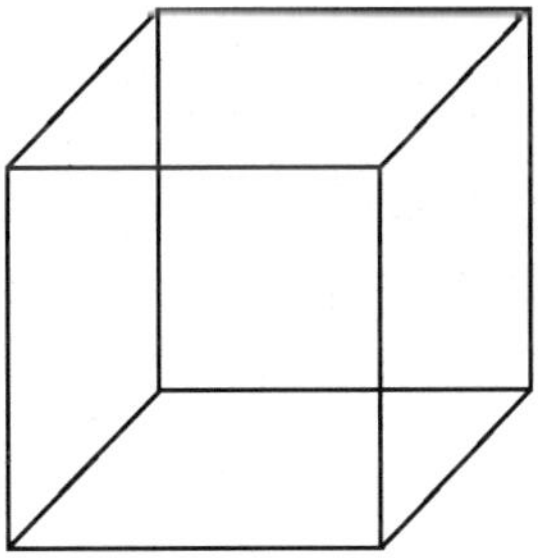

图2 内克尔立方体

更令人困惑的是魔鬼音叉的图画(图3),它用深度知觉[①]的

① 个体判断远近,把世界看成三维的知觉。——编注

标准线索来误导我们。我们一时能看到一个立体的、三叉音叉的图形，一时又看不到它。类似的现象可以用其他感官来加以说明。如果你又快又稳地重复读英文单词say(说)，你会轮番听到“ say say say……”和“ ace ace ace……”这里要说明的问题是一样的：大脑凭借收到的信息工作，在缺乏意识指导的情形下，对现实做出假设，于是，我们最后意识到的是**感官刺激**和**解释**的结合体。如果我们在浓雾中驾车，或在黑暗中阅读，很明显得靠猜：“这是我们拐弯的地方还是另一条车道?”“是‘很’还是‘狠’?” 感觉过程部分地决定了是什么东西进入到我们的头脑里，可是我们已经能够看到，其他更隐蔽、更复杂的过程也会作用于我们的感知。

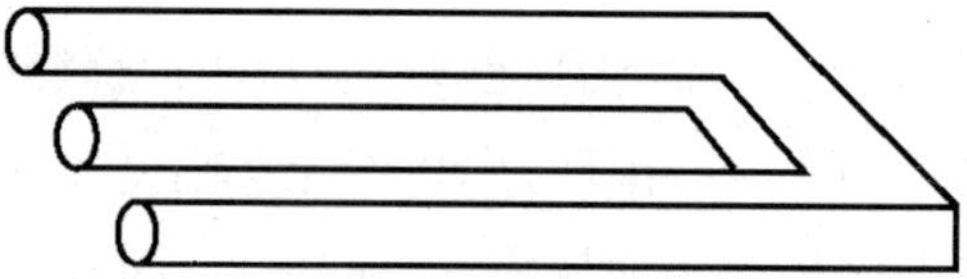

图 3 魔鬼音叉

一般来说，我们都假定世界就是我们看到的那个样子，其他人也这么来看世界——我们的感官反映的是一个客观、共享的现实。我们假定感官所表现出的我们生活的世界，跟镜子里照出的脸一样准确，或者跟照相机拍下的某一瞬间的照片一样准确，一样凝固在时间中。当然，如果感官不能为我们提供近乎准确的信息的话，那我们便不能依靠它们了，但是，尽管如此，心理学家发现，关于知觉的这些假定是会产生误导的。采集周边世界的信息不是一个被动的反映过程，而是一个复杂的、主动的过程。在该过程中，头脑和感官一起工作，帮助我们构建对于现实**的知觉**。我们不仅看到亮光、黑暗和色彩的样式，我们还把这些刺激的样式组织起来，这样便可看到对我们有意义的物体。我们可以给它们命名或对它们加以辨别，把它们当成全新的物体或当成和其他东西类似的物体。从本书中我们将看到，心理学的主题从来就不是简单的，对于知觉的研究说明了心理学的一些最普通的问题。首先，我们得确定哪些是相关的因素(有三个因素：感觉、解释和注意)，然后，我们得设法了解，并建立理论来解释它们相互作用的方式。

心理学对知觉的研究，大部分都集中在视觉上，因为视觉是我们最发达的感觉：人约一半的**皮层**(大脑里盘绕的灰色物质)都与视觉有关。视觉方面的例子可以用图解来说明，因此，在本章中主要举视觉方面的例子。

感知真实的世界

知觉的第一阶段是要找到说明外在事物的信号。人类的眼睛只能觉察到所有电磁能的百分之一的一个微小部分，即可见光谱。蜜蜂和蝴蝶可以看到紫外线；与人类相比，蝙蝠和海豚能听到的声音超过了两个八度。因此，我们对现实的了解受到了人类感官能力的限制。在这些限制的范围内，我们的敏感度仍相当惊人：在风清月朗的夜间，从理论上讲，我们可以看到三十英里外一支蜡烛的火苗。当我们找到一个信号，如亮光时，我们的感受器就把一种形式的能量转变成另一种形式的能量，于是，亮光的信息就作为一种神经冲动被传送出去。所有感官的知觉原料都由神经冲动组成，这些神经冲动分别被输送到大脑的特定区域。作为看见蜡烛火苗的冲动， 定得到达视觉皮层。在被激活的细胞里火苗的样式和速度以及在被抑制的细胞里火苗信息的缺乏，都要和细胞活动(或**神经噪声**)的背景值区别开来，并要被解译出来。有趣的是，准确觉察信号的能力非常多变，超出了我们对于感官系统的了解，而且受多种其他因素的影响。有些影响是明显的，比如注意；有的则不那么明显，与我们的期望、动机或倾向有关，比如在情况不确定时，倾向于说“是”，还是“不是”。如果你一边听收音机，一边在等一个重要的电话，那么你可能认为听到了电话铃声，而实际上电话根本没响；假如你没在等电话，而是在全神贯注地听收音机，那么，电话铃响了，你也可能会听不见。觉察信号方面的这种差异有重要的实际意义，例如，在给特别护理病房设计有效的报警系统或给复杂的机器设计控制板的时候。

为解释这些发现而建立的理论，使心理学家能够做出预测并检验预测是否准确。**信号检测论**认为准确的知觉不仅是由感觉能力来决定的，而且是由感觉过程和决策过程一同来决定的。根据当时所需的谨慎(或**反应偏向**)程度的不同，决策会有所变化。实验室的技术人员在细看显微镜载玻片寻找癌细胞时，对每一种异常都做出反应，然后再把“假警报”排除。但是，决定何时超车的驾驶员，则必须每次都做出正确决定，否则就有撞车的危险。敏感度和谨慎程度可以由“撞上的频率”、“假警报”的次数及相对简单的统计方法计算出来，这样，便可预测什么时候能准确地检测出一个信号(一个癌细胞或一辆迎头而来的汽车)。这些测量确实是可信的，并且有许多实际用途，比如训练空中交通管制员——他们关于一个雷达信号是有还是没有的决定，可能对飞机能否平安着陆至关重要。

所有的感官对环境中的变化的反应要比对静止状态的反应更灵敏。当什么变化也没有时，感受器就完全停止反应，或**形**

成习惯化，因此，当你刚把冰箱接上电源时，开始会听到有噪声，但后来就听不见了。我们生活繁忙，或许有人会觉得，没有感官刺激一定很好，但是，**感觉剥夺**，或者没有感官刺激，对有的人来说可能导致可怕、怪诞的经历，包括出现幻觉。感受到的苦闷的程度，随人们的期望而变化。如果感觉超负荷相当长一段时间，也会有同样情况发生。最近去过流行音乐会、足球比赛现场或特别拥挤的超级市场的人可以作证，这些经历可能是刺激的、使人筋疲力尽的或令人困惑的。

知觉组织

通过一定的组织，知觉使我们能辨别我们感知到的东西的样式，以便赋予其意义，但这种组织过的知觉来得那么自然，那么毫不费力，以至于我们很难相信它有多么了不起。电脑可以配上程序来下棋，但至今尚无法给电脑配上程序，让它和哪怕是相对初级的视觉技巧相比。知觉组织的主要原则，是格式塔心理学家在20世纪30年代发现的。

请看一下鲁宾的花瓶(图4)。你要么看到一个花瓶，要么看到两个剪影，但不能同时两样都看到。如果你看到了花瓶，剪影

图 4 鲁宾的花瓶

就会消失，成了花瓶的背景，但是，把剪影当图形来看，“花瓶”又转变为背景了。**图形—背景知觉**之所以重要，是因为它基本上构成了我们看东西的方式的基础。另外三条格式塔原理是相似性、接近性和闭合性，图5对它们做了图解。从感知的意义上讲，我们会把相似或相近的东西归在一起(a和b)，对于图形不完整的(c)，我们就会把缺口补上。这些组织原则帮我们辨别物体，把它们和周围的东西分开。我们一般先找出最重要的图形，然

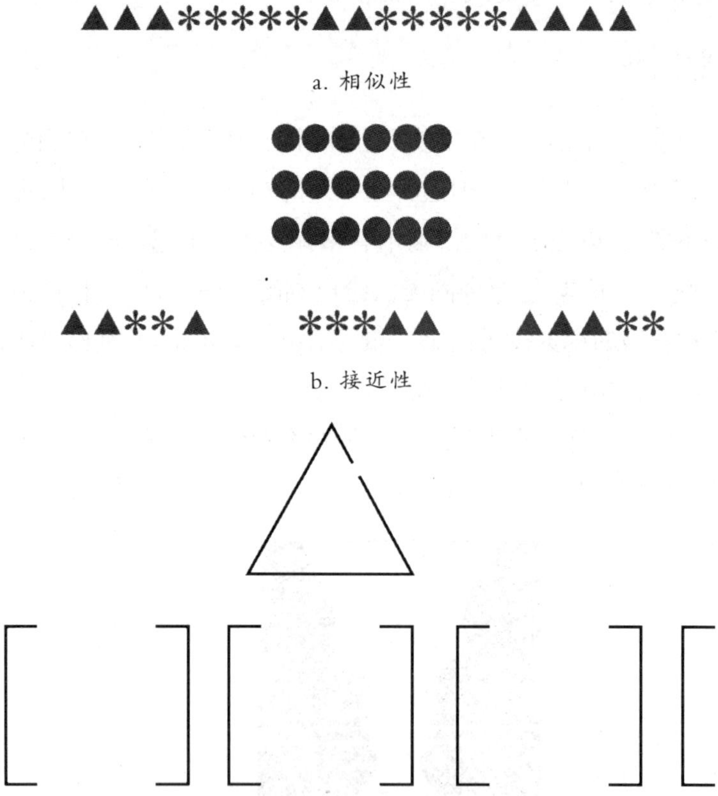

图 5　格式塔原理中的相似性、接近性和闭合性

图 6　先看见H后看见S

后再看细节，因此，在图6中，我们先看到H后看到S。知觉过程是否一直按这种顺序进行仍未确定。重要的是，我们构建自己的现实的方式之一，是用一套系统方法把所接收到的信息组织起来。

格式塔心理学家相信，我们用视觉找出物品的能力，以及把它们和背景区分开来的能力，是生来就有的，而不是后天学到的。从对大脑单个细胞所做的记录来看，有些细胞对有一定方向或长度的线条特别敏感，另一些细胞则可能检测到简单的形状或表面。我们天生就有这种特殊的检测器，还是后来才发展出来的?先天失明的成人，后来又获得了视力(比如通过手术切除白内障)，这种人总是在视觉上遇到困难，而且不断犯视觉上的错误。尽管其中可能有很多原因，但是，看来视觉技巧得经过学习才能获得。例如，在漫射光下饲养的动物常会撞上东西，因为它们虽然有正常的视觉神经，但漫射的光线使它们缺乏模式辨识的能力。

知觉受已有知识影响的程度以及这种知识所创造的期望是惊人的(见专栏2.1)。创造一个**知觉定势**(一个指导知觉的期望)就比较容易感知到某样属于该定势的东西。因此在超级市场里,拥有“自己的商标”的物品会较易找到(如果它们看上去相类似,又和竞争品牌不同的话)。

专栏2.1　知觉定势:你知道的影响你所看到的

拿一套字母和数字给实验对象看,出来一个就让他大声读出来。然后拿出下面这个有歧义的形象:

它既可以读作B又可以读作13。如果它前面是一串字母,实验对象就把它读作B,但如果它前面是一串数字,实验对象就把它读作13。

布鲁纳和明特恩,1995年

注意:利用有限的能力系统

知觉包括的不只是掌握辨别的技巧,它还包括提出假说、做出决策及运用组织原则。这些事情大多是在我们不知不觉的情形下发生的,甚至有时我们都不知道自己已经感知到了,或已经选择了要感知的内容。这是因为进入我们头脑里的东西是由知觉系统的工作方式决定的,也是由从引起我们注意的许多东西之中进行挑选的方式决定的。我们的大脑容量有限,充分地利用大脑有助于恰当地引导我们的注意力。如果你在喧闹的舞会上放录音带,那你最有可能听到的是乱哄哄的嘈杂声。但是,如果你开始和舞会中的某一个人讲话(或注意某个人),那么你们的谈话就会在噪音背景中突显出来,你甚至不知道你背后的人是在讲法语还是英语。然而,若是有人提及了你的名字,即便没提高嗓音，你还是非常可能能听得到。一般说来，我们按自己的愿望来集中注意力，在**低水平信息**的基础上，把当时对我们无关紧要的东西过滤掉，比如说话人的嗓音或嗓音发出的方向。

这个规律有一个令人迷惑的例外，即我们能听得到我们自己的名字。关于过滤系统是怎么工作的，心理学家提出了好几种解释。对于我们忽视的东西，我们必须有所了解，不然，我们就不知道我们想要忽视它们。感知到某样东西，却又不知道我们已经感知到了，这种情况叫作**阈下知觉**(专栏2.2)。实验室研究表明，我们的注意过程非常快、非常有效，它们可以保护我们，不让我们有意识地听到可能令自己不快的事情，比如淫秽的或令人不安的话语。

专栏2.2　阈下知觉：自我保护的手段？

屏幕上有两个光点，其中一个光点里面写了一个单词，写得很不清楚，不费力就会看不清。当隐藏在光点中的是个情绪色彩较重的词语时，实验对象就说亮度不够，而当隐藏在光点中的是个愉快的或中性的词语时，他们就说亮度够强了。这被称作**知觉**防卫，因为它暗中保护我们免遭不愉快刺激的损害。

注意是一种方法，我们用这种方法来挑选进入头脑里的东西——但是，我们并非一次只能注意一件事情。事实上，分配注意力是很正常的。在来自不同渠道的信息之间，我们可以很容易地分配我们的注意力——这就是为什么我可以一边看着锅，一边削土豆，一边听着孩子们的动静，我甚至还可以同时想着银行经理的来信。不过，我的一心多用毕竟也有限度。空中交通管制员曾被训练同时做许多事情:看雷达屏幕,和飞行员谈话,检查不同航班的飞行路径,并且阅读交到他们手中的留言。只要交通流量处在可处理的状态之下,管制员就可以分配其注意力,同时完成这些事情。然而,在研制安全系统期间,他们的能力模拟测验表明,如果信息量太大,或人太疲劳,他们的反应就会缺乏条理,甚至会变得很怪:站起来给飞行员指方向,可飞行员在几万英尺的高空上,离他们有好几英里远;或者大声叫嚷着要把信息传过去。

注意是个敏感的过程,知道这一点并不奇怪。我们已经发现许多因素都会干扰注意,比如刺激之间的相似性、任务的难度、缺乏技巧或练习、忧郁或担心、全神贯注或心不在焉、药物、厌烦及感觉习惯化。通过长长的地下隧道(如英法之间的海峡下面的隧道)用铁路运送旅客之所以比较安全,就是因为驾车太危险。没有感官上的多样性,知觉系统就会出现习惯化,注意力就会不集中。对一成不变的刺激,我们或适应,或出现习惯化,且趋向于新的刺激。因此,静静地躺在浴缸里,我不会感到温度在逐渐变化,除非我突然移动一下。

把知觉和注意结合在一起来看,我们实际感知到的东西既受内部因素(如情绪和身体状况)的影响,也受外部因素的影响。害怕被社会拒绝的人,更容易感受到不友好的征兆,比如不怀好意的面部表情。在饥饿的人的眼里,食品的图画比别的图画更光彩夺目。这些发现证实,知觉过程大多是在我们不知道的情况下进行的,因此,我们不能肯定我们所感知到的和现实是否非常相符,也不能肯定我们所感知到的和他人所感知到的是否吻合。心理学家提出,感知与两种处理信息的方法有关。

●我们看见了真实世界里的某样东西,它触发了一系列内部的认知过程，这就开始了**自下而上的加工**。这种“由刺激驱动的”处理方法反映了我们对外部世界的反应，当观看条件好的时候，这种方法将占主导地位。

- **自上而下的加工**反映了由概念驱动的重要过程的影响。即便在对光线和声波做出反应时，我们每个人都会把过去的经历(和注意)带到眼前的任务上，但假如观看条件不好，或我们的期望过于强烈，我们就会较多依赖内部信息而较少依赖外部信息。

看一下图7里的三角形，看看它说了些什么。你发现错误了吗?大多数人第一次都找不到错误，因为他们对著名话语的期望(自上而下的加工)影响了准确的感知(自下而上的加工)。

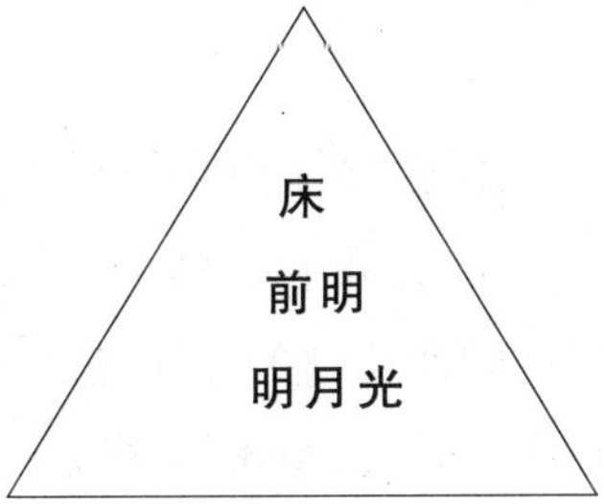

图 7

当代的知觉理论已经发生了变化，也开始重视这类的观察结果了。例如，乌尔里克·奈塞尔说，我们用过去的经历所建立的“图式”来理解世界：过去的经历引导我们形成对物体或事件的期望(图式)，我们用这些图式去预期可能要碰到的东西。我们的图式从婴儿时期就开始发展了，图式指导着我们对感知世界的探索，于是，我们对进来的信息进行抽样，并根据所发现的东西来修改图式。根据这个观点，知觉是一个不间断的、主动的周期，而不是一个单向的过程或一张被动的照片，有什么就拍

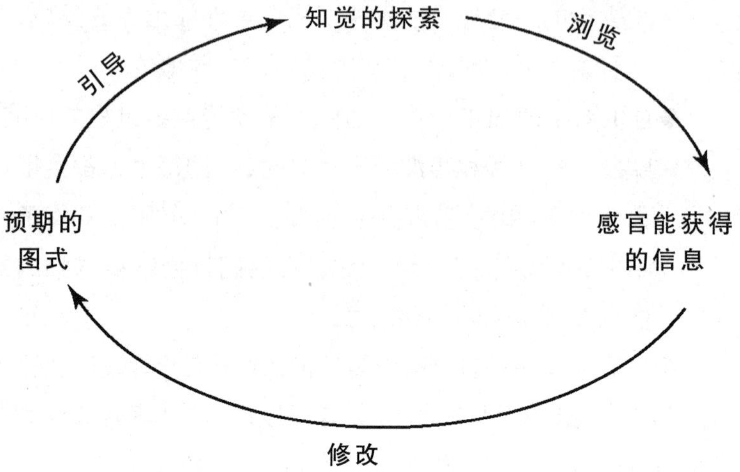

图 8 奈塞尔的知觉周期

什么(图8)。我们的预期或期望影响了我们的感知,但是,实际上存在于某处的东西影响着我们的预期。想象一下,你要在人群中和一位朋友见面。你期望他的样子还和平常差不多,于是,你开始找高个子、留胡子的人,根本不看矮个子、胡子刮得干干净净的人。突然,你朋友拍了拍你的肩膀。你没认出他是因为他把胡子刮了。假如你对图式做相应的修改,那么,下回你就不会认不出他了。因此,我们的期望是随着新接受的信息在不断变化和调整的,我们的知觉系统帮我们适应,适应的方法是有些动物所无法仿效的。青蛙捉苍蝇靠的是感知苍蝇的行动,假如青蛙周围都是静止的(但也是可吃的)死苍蝇,它照样得饿死。

从知觉损伤中学习:错将妻子当帽子

由于知觉的复杂性,它可以出现许多不同形式的错误。在

《错将妻子当帽子》一书中，奥利弗·萨克斯描述了当较复杂的、解释性的感知能力受到严重损伤时会出现的情形。他的一个病人是个极有才华的音乐家，音乐能力或其他心理能力还很正常。这个音乐家知道自己出现了问题，特别在认人方面，但是并不知道除此之外还有别的什么大毛病。他可以正常地说话，但已经不认得他的学生，而且分不清无生命的物体(如他的鞋)和有生命的物体(如他的脚)。有一次，和萨克斯大夫的访谈快结束时，他找他的帽子，可是却伸出手来，想把他妻子的脑袋提起来。他不能辨别电视里人物的表情或性别，也不会凭照片来找出自己家庭的成员，尽管凭各自的嗓音他倒能分得清。萨克斯写道："就视觉而言，他迷失在一个由无生命的抽象物组成的世界里"，他好像丢掉了一条重要的组织原则。他靠特征和图式化的关系认识世界，就像电脑那样，因此，叫他找出一只手套，他就会把手套说成是"盛某种东西的容器"，或"一个自身折叠的连续表面，(它)看上去有五个伸出的小袋囊"(p.13)。受这种严重知觉损伤影响最大的就是视觉的辨别能力：他好像能看到东西，但没法理解或解释所看到的东西。他丧失了知觉的解释能力，如果他不得不单单依赖视觉信息的话，他就彻底没辙了，不过，他靠跟自个儿哼唱着也能继续活下去——活在音乐的、听觉的世界里，对此，他是技巧过人的。尽管他能像我们看内克尔立方体(图2)那样做出假设(关于他妻子的脑袋或手套的假设)，但是他却不能对这些假设做出评判。仔细研究高水平知觉功能的选择性损伤，为我们提供了线索，帮我们理解了许多事情：这些功能所起的作用(不仅在知觉上，而且包括在现实世界里的帮助作用)，哪些功能在大脑中是分别编成代码的，以及那些功能的系统位于何处。

因此，知觉是一个个复杂过程的最终产物，许多过程是在我们不知道的情况下发生的。心理学家对知觉已了解得很多，他们可以十分准确地模拟一个视觉环境，甚至可以让训练有素的外科医生利用“**虚拟现实**”来练习做复杂的外科手术。虚拟现实创造了三维空间的幻觉，按一下电钮，就可以够到某样东西或穿过“坚实”的物体。感知系统能够很快地学习并很快地适应，然而，这一特点有好处也有坏处。如果外科医生长时间利用虚拟现实来练习调整对标准知觉线索的运用，以便在三维空间中保障手术安全，那么他们以后就特别容易出车祸。

有关知觉领域的这篇导论，仅仅开始回答了是什么进入到我们头脑里的问题。这个问题涉及更为迷人的话题，从对于知觉发展的看法到关于知觉过程在何种程度上是自动的或是可以有意控制的争论，范围很广泛。本章的目的是要说明，我们所知的现实，从某种程度上来说，也是一座座由人修建的建筑。我们每个人都在不断地为它添砖加瓦，心理学家帮我们理解了许多决定行为的条件。一旦我们了解了是什么进入到了头脑里，我们就可以继续追问其中有多少留在了头脑里，变成了我们学习和记忆的基础。

第三章

什么留在我们的头脑里？学习和记忆

当你学习某样东西时，情况就不同了：你以前不会做的事情，现在会做了，像弹钢琴；或者，你以前不知道的事情，现在知道了，比如"empirical"[①]是什么意思。当某样东西留在头脑里，我们就假设它已经储存在某个地方了，这个储存系统被称之为"记忆"。这个系统的工作并非十全十美：有时我们不得不"绞尽脑汁"或"追寻记忆"。不过，关于留在头脑里的东西，最平常的先入之见恐怕是：总有一个地方把它们全部储存起来。有时，一个人找不到他想要的东西，这东西恐怕总在某个地方，要是知道上哪儿去找就好了。可是，心理学家有关学习和记忆的发现告诉我们，用类似仓库的比喻来恰当地理解留在头脑里的东西是行不通的。

关于记忆，威廉·詹姆斯在1890年曾问道："为什么这个完全是由上帝赋予的本领，能把昨天的事情保存得比去年的事情要好？为什么保存得最好的是一小时之前的事情？又为什么到了老年，幼年时的事情记得最牢？为什么重复一个经历就可以加深我们对它的记忆？为什么药物、高烧、窒息和兴奋能使忘却

① 经验上的。——译注

很久的东西苏醒……这些事看起来挺古怪，但却很有意思。也许在某些时候，情况正好相反。很明显，**记忆的本领并非绝对存在，它必须在一定条件下才能起作用；寻求这些条件**则成了心理学家最感兴趣的任务。”(《心理学的原则》,i.3)

理解留在头脑里的东西仍然是心理学家面临的艰巨任务。他们的研究揭示了许多怪事。例如，实验室工作和临床的观察结果都表明，对久远事件的记忆和对近期事件的记忆有不同的特点。患遗忘症的人可能保存儿时的记忆，却几乎不可能获得新的记忆，比如刚刚见过的人的名字；或者，他们能说得出时间，却不记得现在是哪一年，或不记得新房子的布置陈设。有些人几乎无法学习新的东西，尽管他们能准确地描述自己的童年，也能重复你刚刚朗诵过的诗句。他们可以很快学会新的运动肌肉的技巧，如打字，却否认以前见到过文字处理程序。尽管在这种情况下，损伤之处好像位于大脑的某一特定部位 (海马)，但心理学家却找不到“储存室”，即神经的衔接点(互相连接的“线”网)终止的地方。我们每天不自觉地利用着学习和记忆的过程，它们就是这么紧密地连在一起，而且很复杂，以至于至今尚未证明可能造出一台能精确地模拟它们的电脑。

学习能让人“变得更好”。我们将从学习开始，来说明心理学家在这方面的理解。

学习：创建持久的联结

我们倾向于认为学习能力是由这样一些事情决定的：你到底有多聪明；你是否集中注意力；出现困难时，你能不能坚持下去。但实际上，学习的种类很多，有许多学习并不需要刻意的努力或正规的训练。我们一直在学习，即使我们并没想要这么做。

我们的某些学习方法和动物的很类似，只不过我们的能力更强一些。人类的学习是由一系列不同的方式激活的。婴儿出世的环境相差很大，甚至在基本条件上相差也很大，比如他们是怎么被照看、怎么被喂养、怎么得到保暖的，因此，适应是至关重要的。婴儿适应得那么快那么好，是因为他们愿意学习，因为他们对具有某些关联的事情反应特别强烈，其中包括**相倚**（什么和什么一起发生）、**差异**（与常规的不同之处）以及**交互作用**（和别人的相互作用）。

认识相倚使人学会了如何使事情发生：打开龙头，水(通常)就流出来了。通过学习开龙头、关龙头，我们就学会了控制水流。小婴儿重复地探索相倚：来回挥动胳膊，打一样东西，使它发出声音，一次又一次打这个东西，直到他们能控制弄出的声音为止。对相倚的这种明显的着迷，是其他类型的学习(如技巧学习)的重要基础。一旦你掌握了一种技巧，不假思索都可以完成某事，此时你就会把注意力转向别的事情：当你毫不费力就能读出单词时，你就会考虑它们的含义了；如果你能把一首曲子不假思索地弹出来，你就会考虑怎样解释这段音乐了。

一旦你知道要期望什么，差异就会变得很有意思——只要差异别太极端。孩子世界里的小变化(新型食品或在不同的地方睡觉)引起了孩子的探索，并帮助孩子去学习，但是，如果一切都突然中断，那又会令孩子痛苦万分。同样，用不同的方式唱一首歌 (玩一个游戏) 会很有意思，只要你知道其中的基本规则。这种靠制造差异来学习的能力是持久的和基本的。年长一些的人如果已有相关的知识储备，因而留意差异并根据差异做出调整，那么，他们能较快地学会新的东西，但他们却很难学会完全陌生的东西。

对婴儿来说，为了生存，和别人交互作用是必要的。婴儿先是哭和看，后来是用笑及更复杂的方式来参与这种交互作用，认识并控制自己的世界。当婴儿因需要某样东西而大哭时，这个婴儿就参与了一项影响他人的活动(尽管他自己不知道)。他倒不是参与什么权力斗争，或者希望操纵别人的注意，他只是开始一项能帮他生存的、与人交互作用的活动而已。若没人理他，这个婴儿最终只好放弃努力，变得冷漠起来，好像他已经知道这么做没用了。婴儿(实际上成人也一样)对**相倚**、**差异**和**交互作用**特别容易起反应，而这些方面激活了与学习有关的一些基本过程。

在许多不同类型的学习中，最基本的恐怕是**联想学习**或**条件作用**了。**经典性条件作用**最早是在20世纪20年代由巴甫洛夫率先研究和解释的。在研究狗的时候，巴甫洛夫找到了一种方法来测量狗对食物产生反应时所分泌的唾液，然后，他留意到狗在得到食物之前就开始分泌唾液了。唾液的这种反射的或**无条件的反应**是由与食物相关联的东西引起的，比如碗的出现、带来食物的人，或和食物相配的铃声(食物出现时铃就响)。巴甫洛夫认为实际上任何刺激都可以变成唾液的**条件刺激**——节拍器的声音、画在大卡片上的三角形，甚至一次电击。于是他得出结论：当先前的一个中性刺激(铃声)和**无条件刺激**(某种我们自然要对它有反应的东西，如食物)联系在一起时，学习就发生了。经典性条件作用的变体、决定因素和限度都已被仔细地研究过了，因此我们不仅知道条件反应是怎么渐渐消失或泛化为类似的情形的，而且知道情绪怎么能被激发(孩子对浪的惧怕)和调节(在海边行走时抓住父母的手)以及在“一次性学习”里怎样能戏剧性地产生新的联想(就像某种食物令你

“哥们，这家伙是不是条件反射了？每次我一按杠杆，他就会送一粒吃的过来。”

图 9 从另一角度看操作性条件作用

作呕，你再也不想碰它一样）。

B.F.斯金纳最早研究了**操作性条件作用**，解释了在学习中**强化**所起的作用。操作性条件作用提供了一种有力的手段来控制人(和动物)学习什么和做什么。这一理论的主要设想是，如果一个行为后面跟着一个好的结果，那么这个行为就会被重复——或是被人重复，或是被老鼠重复。假如按一下杠杆，会送来一粒食物，那么，老鼠就会去学按杠杆，越饿学得越快，凭食物丸发送的速度就可以准确预计出老鼠反应的强度。假如食物丸是间歇地和不可预测地出来(吃角子老虎之所以吸引我们，就是这个道理)，那么老鼠“工作”得最起劲。假如不管老鼠怎么做，食物丸都要隔固定的一段时间才出来，那么老鼠的劲头就不会那么大了。因此，拿不变的计时工资去做枯燥重复工作的人，和拿计件工资的人相比，很快就失去了工作的劲头。科学家运用强化的原则，证明了有些动物能学习做非凡的事情，比如，逐渐朝正确的方向塑造鸽子的行为，它们就会学会用嘴“打乒乓”。

操作性条件作用有许多实际应用的例子。假如你想要一个已经学会的反应继续，比如叫孩子收拾好房间，你就应该间歇地而不是不停地奖赏他。假如你偶然奖赏了一种你想要减少而不是增加的行为(比如大发脾气)，那么你就会不小心加强了这种行为。如果奖赏来得太晚(收到员工的报告之后没有马上而是一个星期后才感谢他们)，那它的效果就差多了。这样，强化就为学习机器提供了燃料，不论强化是正面的还是负面的，学习机器都工作得很好。若强化是正面的，那就提供好的东西；若强化是负面的，那就摈弃不好的东西。如果你错过了演出，你就从中学会了提前计划好时间。

斯金纳对惩罚有强烈的不满，惩罚很容易和负强化相混淆，但两者却大不相同。他认为惩罚不是帮助人学习的有效方法，因为惩罚既痛苦又无益。惩罚压制了一种行为，却不说该做什么来替代它。事实上，惩罚会引起复杂的问题。惩罚可能有效(比如能减少某些精神失常儿童的自我伤害行为)，也可以用温和而有效的方式实施(向脸上喷水，或从情境中**暂时退出**)。但是，惩罚的效果可能是暂时的，或只是在特殊的条件下才有效(青少年和朋友在一起可能吸烟，但在父母面前则不会吸烟)。惩罚往往不容易马上执行，而且传达的信息很少，还可能无意间成为奖赏(老师对调皮学生的申斥可能吸引班上其他人带强化性质的注意)。

在学校、医院和监狱等环境中，操作性原则已被转变为有效的**行为矫正**技巧了。理论上说，它们能提供预测和控制他人行为的能力。为培养小孩用厕所的习惯而利用这种能力是一回事，为政治目的而利用这种能力则是另一回事了。这种能力的滥用或许不像原先人们担心的那么危险，原因之一是，从心理学的意义上讲，在引起人们行为的一系列事件中，既有必然性的要素，也有自由意志的要素。联想学习不是仅有的可能。如果你留意到广告商把新车和性能力联系在一起，那么你就可以在较理性的基础上决定买不买这辆汽车；如果有人怀着不纯的动机对你表示友好，你可能会发现这种接触是无益的，于是**相倚**就不会发生了。当然，我们也可以利用其他的学习类型和认知能力。

观察学习是靠模仿和观察别人来学习。它提供了一条捷径，绕过了必要的尝试和错误，也绕过了联想学习所依靠的即时强化。学校里的学习大部分都是这种类型，它也解释了我们是怎样获得关于社区社会规范的看法和信息的(见专栏3.1)。

专栏3.1　观察学习：当别人树起了坏榜样时

小孩在实际生活中、电影或在漫画里先看到有个人在玩玩具。有时这个人打了其中一个玩具娃娃。孩子们后来也被带到同一间游戏屋去玩玩具。有的孩子不太开心，因为做实验的人把孩子正在玩的玩具拿走了。不开心的孩子会模仿他们看到的寻衅行为，更多模仿的是实际生活中的榜样而非电影或漫画中的榜样。进一步的研究表明，孩子们更可能模仿和自己类似的榜样(同年龄、同性别的孩子)以及他们仰慕的人。

班杜拉和沃尔特斯，1963年

潜伏学习是不直接显现出来的学习。如果你看过一个新城市的地图，或作为旅客曾穿越过该城市，那么，比起完全不了解该城市的人来，你认路会快得多，而且你的学习优势可以被准确地测量出来。**顿悟学习**出现在你突然发现解决问题的方法的时候：怎样修理坏了的电灯。这种理解刹那间就出现。目前还不清楚其中的原因。究竟仅仅是因为先前学习的结果，还是因为在心理上用新的方法把原有的反应结合了起来（就像我们用新的组合方法使用语言当中的单词来表达我们的意思那样），我们还不得而知。

学习的认知理论脱离了联想的观点，试图解释其他过程的影响，如注意、想象、思维和感情。一旦我们开始了解了新学到的东西和头脑里原有的东西结合的方法，学习和记忆的区别就变得模糊了。记忆同知觉一样，是一个主动的过程，而不仅是一盘录下了你所学到的东西的卡带。对你所学的材料使用得越多(阅读法文报纸、跟法国朋友说话和写信、看法文电影、复习语法)，记得就越牢。被动吸收的材料很容易就忘了，而对于留在头脑里的东西来说，学习能起到的作用相当大。通过探索决定记忆的因素（找出记忆是怎么运作的），我们就能更充分地理解学习的作用。

记忆：影子、映像还是重建

记忆的大问题仍然是："它是怎么运作的?" 下列发现说明了解决这个问题的某些困难。早在1932年，弗雷德里克·巴特莱特爵士就已说过，记忆不单是把我们接收的信息准确记载下来，记忆还得让新信息融入原有的信息，并创造出一套有意义的解说(见专栏3.2)。

巴特莱特认为检索的过程也涉及重建，重建受到人们头脑中原有框架的影响。于是，记忆就像知觉一样，既是选择性的又是解释性的。记忆涉及建构和重建。

专栏3.2 “鬼魂的战争”

巴特莱特给人们读了美国印第安人的一个传说，这个传说部分源于对一种陌生信仰的理解。他发现人们在记这个传说时所犯的错误不是偶然的，而是经常的。在这个传说中，某人看到了鬼魂打仗，他把自己所看到的告诉他人，然后，他突然被鬼魂所伤。人们把这个陌生的材料融入到了他们先有的看法和文化期望之中，使情节能说得通。例如，“他的嘴里流出来一些黑东西”，在重新表述时就成了“逸出的呼吸”或“在嘴边流泡沫”；故事里的人被假定为某一名“鬼魂”宗族的成员。另外，在记这个故事时人们所做的改动也和他们第一次听到故事时的反应和情绪相吻合。一个受试者说：“我主要是靠我心中的意象写出这个故事的。”

巴特莱特，1932年

我们对事件意义的记忆要比对细节的记忆准确得多，而我们赋予事件的意义又会影响我们记得的细节。在“水门事件”审讯期间，心理学家乌尔里克·奈塞尔比较了白宫保存的谈话录音带和从见证人之一约翰·迪恩那里得来的关于这些谈话的报告。迪恩的记忆力好得出奇。奈塞尔发现迪恩记忆的意义是准确的，但其细节则不是，包括一些特别“难忘的”词句。迪恩对发生了什么的记忆是正确的，但对用过的词汇和讨论题目的顺序，他的记忆则是错误的。

在特别重要的或情绪激动的时刻，细节在我们的记忆中往往能得到更好的“固定”。然而，即便在这种情形下，两个人对同一事件细节的记忆也可能会非常不同。如果当我们决定结为夫妇时，我面对的是蓝色的大海而我丈夫面对的是昏暗的树林，二十年之后，我们可能为当时我们在什么地方而争论，指责对方忘记了重要的、共享的回忆，因为一个记着的是黑暗，另一个记着的是光亮。“过去……总是反诉人之间的争论对象”(科马克·麦卡锡,《争论》,p.411)。

我们如何在反诉人之间做出决定仍然是一个重要问题。可能有的人在痛苦和伤心的环境中长大，在此过程中他们感到委屈或被忽视。后来，他们能准确地记起这些儿时的事件对他们的意义，对细节的记忆却是不正确的。这可以解释**虚假记忆综合征**的情形，患该综合征的人，据说是“恢复了记忆”，比如记得小时候受过某种程度的虐待，但记得并不准确。准确地记得不寻常或激烈的经历的细节，这也是可能的。记得细节并相信这些细节是准确的，就以为记忆是正确的，那就错了。

即使我们确实能准确地记得细节，我们记得的细节在记忆里也不是稳定的，而是可变的。如果我在十字路口目击了一个意外事件，后来被叫去问事件的细节，例如汽车是在树前还是树后停下的，那么，我很可能在记忆里插入一棵树(即使根本没有树)。一旦插进了一棵树，那么，它似乎也成了原始记忆的一部分，于是，我再也分不清哪个是我“真正”的记忆，哪个是我后来记得我以前记得的。因此，记忆可能被复述改变，法庭上询问的问题(“你见过一**盏**破了的头灯吗?”和“你见过那盏破了的头灯吗?”)会影响证人记起的东西，而他们自己却不知道已经发生了这种影响。

人们往往希望有完美的或摄影式的记忆，然而无法忘记也有其坏处(专栏3.3)。我们拥有的创造性的、不太准确的记忆和忘却的系统，可以根据我们的需要交替起作用。

专栏3.3　记忆术专家的头脑

一个人在看一眼大量的数字和单词之后，就能把它们记住——他还能顺着背、倒着背，甚至间隔十五年之后还背得出。他大概是把接收到的信息变得有意义，才能把信息记住。他把信息的每一部分都和视觉意象及其他感觉意象联系起来，把这些数字或单词变得独一无二和“没法忘掉”。但是，这些意象随后影响了他精力的集中，使他不能进行简单的活动，包括不能跟人谈话。终于他不能继续从事记者这一职业了，因为新的信息(如他听到的别人所说的话)引发了一连串无法控制的、分散注意力的联想。

亚历山大·卢里亚，1968年

记忆模式怎么能说明如此不同的发现呢？关于记忆功能，这些模式又告诉了我们什么呢?有人提出三种很不相同的记忆储存形式来说明关于记忆的观察结果。这三种形式接收信息和失去信息的方式不同。**感觉储存**从感觉(视觉和听觉)中获得信息，在记忆里保存大约一秒钟，我们在此时决定要注意什么。被我们所忽视的东西马上就丢失了，而且再也无法找回来，因为它像亮光和声音一样消退了。有时，一个人没注意时，可以抓住某人说话的回声，但确确实实一秒钟之后就什么都没了。注意某样东西，就会把它转入**短时储存**，其容量为七项。因此，我们能够记住一个电话号码，维持的时间大约够我们拨打这个号码。**短时储存**的容量有限，一旦装满，旧的信息就会被新的信息替换掉。然而，继续注意、在心里反复考虑，或复述信息，就会将其转入**长时储存**，其容量大概是无限的。这好像是说，在长时储存中的信息永远不会丢失，只要你知道怎么去找。但是遗忘还是会出现，因为在我们试图回忆时，类似的记忆会混淆，会互相干扰。除非我们拥有记忆术专家的头脑，不然，一次生日晚会可能和另一次搅在一起，我们最后记得的是生日的意义而不是在我们五岁、十岁、十五岁时究竟发生了什么。一般的意义要比细节重要得多，除非有某样东西为我们标出了那些细节(二十一岁的生日晚会或一次出人意料的晚会)。

那么，你怎么确定究竟发生了什么?我们确实有必要这么做吗?进化的原因有助于说明为什么记忆是那样工作的。我们的记忆系统并不是因为我们需要把物品和事件分类才存在的，而是因为我们需要调整我们的行为。我们的头脑，包括我们的记忆，看起来都在不断调整，以适应变化着的情境。有我们需要记住的东西，比如怎么阅读，我们的朋友是什么样的，我们下一步该做什么；也有我们不必记住的东西，比如有关我们过去的准确细节。饿了有助于我们记得买吃的东西，这是适应性的。如果我们心情忧郁，伤心的记忆就会更容易进到头脑里，这或许是适应性的，或许不是。看起来，有零碎的记忆也就够了，我们可以根据兴趣从中挑选，或者用创造性的和有用的方式来组织这些零碎的记忆。头脑里有一些线索、提示物或部分零碎的记忆，我们就能进行选择、解释及把一样东西和另一样东西相结合，以便利用我们学到的和记得的东西。

沿着这些方向思考，当代心理学家认为记忆是一种活动，而不是一种东西——或者是一系列活动，涉及复杂的编码和检索系统，其中有些系统现在能分别进行研究。像第二章里描述过的感知系统一样，这些系统也运用组织的原则。如果信息在某种程度上是**有关的**、**有特色的**、已经**精心研究过的**或有针对性地处理过的，而不只是表面处理过的，信息就会比较容易留在头脑里。当要记起它的时候(在你漫步超市时，想到“野餐食物”或“学校午餐”)，组织我们要记住的信息，就有了一种优势。一些一般的组织原则已经被发现，但是，与此同时，我们每个人又都基于过去的经历有了一套个人的组织系统。于是，我们用不同方法把进来的信息进行编码或加以组织；在检索信息时，各自的重点和兴趣也都不同。这有助于我们适应现在的情况：避开那些我们觉得乏味的人，寻找到满意的工作。但是，这也意味着我们的记忆不仅是过去的照片。正像我们已经看到的，感知和参与外部世界有助于我们建立关于现实的观点，于是，我们现在看到，学习和记忆也是主动的、建构性的过程。另外，我们记忆的准确性往往是无关紧要的。为了充分利用留在头脑里的东西，更重要的可能是记住意义并学会找出细节，而不仅是准确地记住所发生的事情。

第四章

我们如何利用头脑里的东西？思维、推理和沟通

鲁莽地行动、不停下来想一想、不通情达理或不符合逻辑，以及不能表达自己，这些过失是每个人都可能有的。假定我们有过以上的情形，我们就有了**过失**：我们行动之前**应该**想一想，应该考虑周到，通情达理，能把明确的思想变成言语。思维、推理和沟通的技巧转变成了文学、医学、芯片及家中的米饭，没有这些技巧，我们就不能像现在这样生活。但是，正如我们已经见到的，头脑是有创造性的，而不仅是忠实地记录、储存、分析外部信息的被动接收者，而且头脑并不总是按严密的逻辑规则行事。心理学家的调查结果告诉我们，**认知技巧**，如思维、推理和沟通，不仅是理性的产品，它们的价值及它们工作的效率也不是单单以理性的标准就可以测量的。

随着心理学的重点从行为研究转向内部过程，学者开始从三个角度进行认知方面的研究：认知心理学家提出了越来越复杂的、基于实验室的实验法，认知科学家研制了电脑程序来创造和测试人造的"智能"机器，神经心理学家研究了脑部损伤病人的认知过程。在本章中，我们将看到，这三种取向都加深了我们对人类认知的理解。

为了思考，我们必须有可思考的东西。在第二、第三章中曾

讨论到,“原料”,即进入和后来留在头脑里的东西,不仅是由客观现实的本质决定的,也是由感知和注意能力以及学习和记忆的过程决定的。如果我们能组织我们的知觉,使它们有意义,需要时能回忆信息,并用信息来思维、推理和沟通,那么我们就可以订计划、出主意、解决问题、想象或许有点稀奇古怪的各种可能性,并把这一切告诉别人。心理学家还在研究我们是怎样做这些事情的。

思维:基础材料

我们对**概念**的理解来自哲学家、语言学家和心理学家的工作。概念是思维的基础材料。概念帮助我们组织思维,对我们的经历做出恰当的反应。概念就是把我们知道的东西加以简化和归纳后得出的抽象信息。概念包含宽泛的信息和具体的信息。例如,土豆、胡萝卜和韭葱都是蔬菜,都可以烧来吃。如果有人告诉我们肥根芹菜是蔬菜,蔬菜这个概念就会告诉我们(大致上)该拿它做什么用了。概念是通过直接接触事物和实际情境形成的,也可以通过接触代表这些事物和情境的符号或记号(如文字)来形成。我可以通过吃、种和阅读来了解木薯。

利用概念使得我们可以用符号来表示我们知道的东西,用一样东西代表另一样东西。于是,字母T可以代表语言中的一个音,而记号T则可以代表同样形状的某样东西:T型路口[1]、T型梁或T恤衫。对我们来说,在日常生活中有些概念比另外一些概念更有用一些(土豆比蔬菜或炸土豆条更有用些)。这些“基本概念”比那些看来应该高于或低于它们的概念,学起来要快

① 即“丁字路口”。——译注

得多。即便是这些具体的概念，也是出人意料地不准确或“不清楚”。胡萝卜肯定算是蔬菜，但番茄和南瓜可能就不算。有一种理论建议我们按一种原型，或一套特定的要点，把概念组织起来。心理学家已经发现一个事物离这个原型越远，就越不容易学习、记忆和辨认。**原型理论**是有用的，它能揭示具体概念以何种方式影响我们的思维，但它在说明我们所使用的抽象概念方面则有不足之处，例如“才干”一词恐怕就没有明确的原型。

我们往往认为我们有意识的心理在大多数情形下是受控制的。我们考虑我们正在做的事情，解决问题，并做出有意识的选择，像穿什么、吃什么或说什么。我们也会描述我们刚做完的事情并思考我们的行为、希望和恐惧。我们认为自己在有意识地思考、控制、检测自己的行为，这样做会使我们成为“有思想的”或“理性的”人类，而不像松鼠那样，被春天的温暖弄醒之后，“想都不想”就去寻找用来储藏的坚果。过去二十五年里，认知心理学家进行的研究已经表明，当我们思考时，许多不同的过程在表面之下进行着；他们的研究改变了我们关于思维(有意识的和逻辑的)性质的假定。

比如，思维也不总是件有益的事情。经过长时间的练习之后，原先需要仔细思考的活动，如打字或驾车，就能自动展开了。在进行这类活动的同时还可以进行别的活动，如谈话或为假期制订计划。我们可以“不假思索地”做这些事情。如果你问一个专业打字员，某个字母在键盘的什么地方，他为了回答你的问题，就不得不做有意识的努力，还可能模仿有关的动作。如果需要，下意识的神经活动(有时)也会被带到意识中去。但是，有意识地思考那些已经可以自动展开的活动(换挡、下楼梯)是会引起混乱的。把它们归入下意识可能会提高效率，让我们可以不假思索地做这些事情，即使偶尔心不在焉付出代价也没什么——把冰冻的豌豆放到面包箱里，或者开车回家时忘了拐到邮筒边去。这样就可以让多余的思维能力去做更重要的事情。关于上述**认知功能衰退**的研究表明，当产生压力、疲劳和混淆时，功能衰退就会加剧，在这种情况下，“停下来想一想”可以减缓功能衰退。

非意识的心理活动肯定会影响我们，即便我们没有意识到它们的存在。解决问题的方案、创造性的想法可能不需要提前思考就会进入头脑里，比如某些记忆或知识被我们没有意识到的暗示所激活，使我们能看到前进的新路子：怎么谈判一桩交易或怎么固定一扇破窗户。更令人惊奇的是，我们也可以做出行动的决策而自己却没有觉察到。奥运会的短跑选手可以在发令枪响后不足十分之一秒里起跑，这时他们还尚未有意识地感知到发令枪的枪声。在人们意识到他们想行动之前，大脑活动就已经发生了变化。

关于“盲点”的发现恐怕是更具戏剧性的。一次外科手术之后，一位半盲的病人说，在他视野中的某一部分他什么也看不见。然而，他依然能说得出，放在他视野中的这个部分的那盏灯，究竟在不在。他还能在凭运气的概率之上，区分移动的和静止的物品。尽管他认为自己是在猜，但是，这种“猜测”反映了他一直没有意识到的知觉。这么看来，从心理学角度来讲，思维和有意识的反复思考并不同义。对我们来说，意识到自己正在思维可能只有在下面几种情况下才有用：当我们不得不做出困难的选择时(要不要换工作)，当我们不能自行处理的事件发生时(车坏了，你束手无策)，以及当意想不到的情感出现时(某人使你十分生气)。

我们思维、推理和沟通时所用的概念不必那么准确和固定。通常认为，这些活动若符合我们学过的规则，如逻辑和语法的规则，就会有成效。不过在实践中，它们的成效还取决于许多其他的决定因素。

推理：使用你的大脑

推理就是运用我们所掌握的信息，以便得出结论、解决问题、做出评判等等。哲学家和逻辑学家区别出三种不同类型的推理。**演绎推理**、**归纳推理**和**辩证推理**这三种推理对解决不同类型的问题有用。尽管这些推理为我们的理性提供了基础，但是它们依然明显受到心理和逻辑过程的影响。

演绎推理遵循正式的规则让我们得出结论，而结论又必然来自结论所依据的前提。从两个前提出发，一是"如果我在思维，那么我就在有意识地使用大脑"，二是"我正在思维"，我们就可以得出结论"我在有意识地使用大脑"。若前提中的任何一个错了，结论也可能会错，但推理并没错。

研究演绎推理的心理学家已经发现了一些典型的错误，例如很难接受不受欢迎的结论(吸烟引起癌症)，或者很难承认价值观念(所有的母亲都是仁慈的)已经改变。在思考与自己的意愿**不同**的情形时，我们特别糟糕，见专栏4.1。

专栏4.1　错误的思维

受试者被问到这个问题：下面的推论对吗?

前提：如果下雨，弗雷德就淋湿了。

没下雨。

结论：弗雷德没淋湿。

超过百分之三十的受试者答错了。从逻辑上讲，这个结论无法得出，因为前提并未指出若不下雨，弗雷德会怎么样。

若加上第三个前提："如果下雪，弗雷德就淋湿了"，犯错的比率就会大幅度下降。

埃万斯，1989年

当不知道前提是真是假的时候，使用演绎推理常会出错，因为我们的思维会偏向于增强已有的信念而不想接受与它们对立的信息。

事实上，我们的思维常受制于许多不合逻辑却相当有用的偏见。你的一位朋友正坐在家里看足球赛。他跟你说，如果他支持的队胜了，他就去酒吧。结果他支持的队败了，于是你"合乎情理地"，尽管不是"合乎逻辑地"，到他家去找他(尽管他从未说过在这种情况下，他会到哪儿去)。仅用演绎推理，并不能让你得出这个结论，但是你的"非理性"帮你见到了你的朋友。

归纳推理是科学领域依赖较多的一种推理。研究人员做了许多仔细的观察，然后才得出结论。研究人员认为这些结论可能是真实的，虽然以后发现的信息有可能说明这些结论是虚假的。在日常生活中，常常使用归纳推理："玛丽批评了我所说的，并立刻否定了我的论点"，"因此，玛丽是个吹毛求疵的人"。归纳推理让我们得出的结论，看来是基于我们自身经历的，在大多数情况下，倒也不会错。然而，这种概率思维可能是错的，不仅因为会出现不寻常和罕见的事件，还有许多别的原因。主要原因之一是，我们疑惑的时候会设法查找符合我们所得出的结论(或怀疑)的信息(而不是通过更符合逻辑的、更有效的过程来找出信息，利用这种方式查找出的信息可能会说明我们是错

的)。例如,在上面的例子中,可能是我的确犯了许多错误,而不是玛丽太挑剔。正如威廉·詹姆斯所说的,“许多人以为自己在思考,其实他们只是在重新组合他们的偏见”。另一个问题是,我们总是在寻找自己期望的东西,而期望难免受感情的左右。

推理是很难的,常常把沉重的负担加在记忆上面。在实际中,我们用不少**启发法**,或约略的估计来指导思维。启发法能帮我们解决复杂的问题。例如,**可得性启发**根据想起有关例子的难易,来估计某种类型事件发生的可能性。越是容易想起,这一类事件就越显得可能。因此,打印机若是出问题了,我做的第一件事就是检查一下电源打开了没有。我通常犯的错,一下子都蹦到了头脑里,而这个简单的动作很快就解决了问题。因此,启发法解决问题的优点超过了它的缺点。它主要的缺点是,决定可用的(蹦到我头脑里的)东西的因素很多,比如信息是否是最近才想到的、是否特别**形象生动**或**充满情绪**,所有这些因素在逻辑上可能与问题并无牵连。因此,害怕飞行的人往往会过高估计发生空难的可能性,如果最近刚听到过空难的消息,那么他们的表现就更强烈。

辩证推理是评估相反的观点、进行批判性思维以辨别真伪或解决分歧的能力。它指的是思考时使用一系列推理技巧的能力,而不是指一种逻辑或科学方法。当某人的正确与否或要别人接受他的观点变得很重要时,他在心理上就会很难接受辩证推理。当人们是正确的时候(或站在胜方),自尊就会得到加强;当人们是错误的时候(或站在败方),自尊就会受到打击。许多心理因素干扰了我们以开放的头脑进行思维的能力,经验、情感及爱好就是其中的几个因素。为了辩证地进行推理,我们需要吸收和记住许多复杂的信息,并且需要不动感情地、批判性

地分析问题。我们的情感和记忆给我们的推理能力设置了较大的限制。我们接收到的信息的“包装”也是如此。例如，在电视上以既浓缩又容易消化和记住的“原声摘要”方式宣传的政治信息，明显地干扰了批判性的思维。以消遣或娱乐的方式呈现在我们面前的、简化了的想法，很容易被人获取，即使一边心不在焉地看电视，一边做着别的事情，也不要紧。因此，思维也会被信息传达的方式所影响，而心理因素会增加思维和推理中的复杂性。

现在我们需要的是好的理论，用以解释和预测人类推理是怎么进行的，以及为什么充分模拟推理会那么困难。一个最有希望的可能是组建**心理模式**来表达我们所知道的东西，并根据这些模式评估效度或者评估从我们考虑的前提得出的结论是否正确。因此，思维和推理过程取决于我们构建概念的内部表现的方式，以及其他思维工具，如意象和命题。这些过程如果有助于我们的活动，那么它们就是成功的，否则就是失败的，与它们的逻辑基础站得住脚还是站不住脚无关。

理解我们如何利用进入头脑里的东西的另一种取向是，根据我们必须解决的问题来进行思维。在生活的大多数领域和大多数时间里，我们都是在不确定的条件下做出判断和决策的。我们正在思考下一步怎么办或者将来会发生什么事情，却不知道答案是什么。天会下雨吗?我有钱去度假吗?孩子想游泳吗?我的工作做得怎么样?我们有能力进行逻辑推理，也有能力留意到和避开一些最明显的非理性根源。我们的行为举止可以合乎理性，也可以转到自动化模式上，在不危及生命的情况下心不在焉地行动(一边在高速公路上开车，一边进行着有趣的对话)。为了解决问题，我们可以利用内部表征、推理和记忆，利用所有

"合情合理的"即使不是完全理性的认知能力，这些认知能力是有帮助的，它们帮助我们在不确定的条件下做出决策。

解决问题这个课题已经被心理学家研究了大约一百年，他们特别感兴趣的话题之一就是它如何受过去的经验（记忆中储存的信息）的影响。一般说来，很明显的是，由于我们积累了经验，我们解决问题就更容易了。这被称为**正迁移效应**，它解释了为什么成人解决问题比儿童要容易些，专家解决问题比初学者要容易些。比如，在想出策略解决棋局难题方面，专家比初学者强，但是，不论专家还是初学者都能从**潜伏**期中得益，在潜伏期内，他们从不(有意识地)考虑问题。找出了解决某一问题的策略之后，还需要以一定的技巧来应用这个策略(例如使凝固了的蛋黄酱恢复原状)，另外，还需要以推理的技巧来评估正在进行的过程。专家比别人更擅长认出模式、找出有关规则、排除行不通的策略等。但专家也不一定就能解决问题，因为他们使用了同解决以前的问题一样的策略与规则。形成一套**定势**可以让我们避免每一次碰到问题都要重新发明轮子[①]，但是，在我们遇到一系列新困难时，定势又会减慢我们的速度。专家有时也会变得盲目，这是值得注意的。

专栏4.2　知识造成的盲目：定势

要求大学生看一系列卡片，每张卡片上面写着字母A和字母B，要求他们建立"正确的"序列(例如：在第一张卡片上，左边的字母应该被挑出来，而在第二张卡片上，右边的字母应该被挑出来)。在解决了几个有关"序列"的问题之后，

① 原文reinvent the wheel指做多余的努力。——译注

问题的类型改变了，于是选字母A的总是正确的，选字母B的总是不正确的。在一百次实验里百分之八十的学生没能解决这个小小的问题，而且，在没能解决这个问题的人当中，没有一个人能在六种可能性中挑选到正确的答案。

莱文，1971年

功能固着，或只以功能来看待事物，是另一种妨碍问题解决的定势。信封是放信的而不是你野餐时放糖的容器。解决糖的问题要求用新的、创造性的方式来看待信封。创造力可以用不同的方式来测量：例如通过测试人们的**发散式**思维(能自由地探索各种看法，找出许多种解决办法)，或**聚合式**思维(能跟随一套步骤，这套步骤看起来能集中到一个解决问题的正确办法上)。对普通物品，如砖头，他们想出的用途越多，他们的发散式思维就越强，创造力也就越强。

我们知道创造力在早期就有：小孩子会用新的、富于想象力的方式来运用熟悉的概念。鼓励独立思维的环境可以培养出富有创造力的人物。创造力不仅在艺术领域内很重要，在科学领域内、在家里(尤其是在厨房里)、在办公室里都很重要。它甚至还能通过鼓励发明创造，培养人的适应能力，这种能力在不断变化的条件下总是必需的。创造力要求思维要有可塑性和跨越界限的能力(见专栏4.3)。另外，令某些人惊奇的是，创造力同智力之间并没有紧密的联系。性格特征(如特立独行、自信、好奇和坚定)在决定创造力方面，至少和智力同等重要。

专栏4.3　九个点的问题

任务：用不多于四条直线把下面图中的九个点连起来，

画线时笔不能离开纸面。

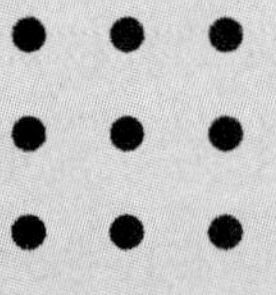

答案见本章末。

沟通：传达要点

不论什么时候，我们都可以用新的方式把头脑中的意象结合起来，去创造新东西、解决问题，或者表达自己，这时，我们就是富于创造性的。其中最明显的方式之一，就是语言的使用。但是，语言和思想有什么关系呢?

语言相对性理论认为语言培养了思维和知觉的习惯，不同的语言把说话人引向了不同的现实观点。语言方面的证据是引人入胜的。比如，它告诉我们爱斯基摩人有许多描述雪的词，中国人没有一个常用词能表示“性高潮”，而法语中有关食物的隐喻则特别丰富。我们知道雪对爱斯基摩人十分重要，中国人在讨论房事时往往比较含蓄，而法国人的烹调则举世闻名。我们也知道我们可以互相学习对方的语言，可以学着去感知或理解其他语言表达上的差异。但是，仅有语言和文化的信息，还不能证明语言能影响思维。专栏4.4中的实验说明，清晰的思维和准确的观察相结合，才能给这类问题提供答案。

专栏4.4　语言能影响心智技能的获得吗?

亚洲儿童在数学上的能力总是比讲英语的儿童强，在他们的语言里，数字反映了十进制。比如表示12的标签是

"十"和"二"。实验者要求来自三个亚洲国家和三个西方国家的一年级儿童搭积木,蓝积木代表十个单位,白积木代表一个单位,积木堆垒起来,表示一个特定的数字。能用两个正确的组合来表示每个数字的亚洲儿童比西方儿童多。能用两种积木来代表两位数的亚洲儿童比西方儿童多，西方儿童更倾向于使用同一种积木。

结论:语言差异可能影响数学技能。

另一项发现支持了这个结论:双语的美籍亚裔儿童数学测验的成绩,比只讲英语的儿童的成绩要高。

缪拉和同事们,1994年

越来越多的证据说明了语言能够影响某些心智技能,但语言和思维之间的关系还没有定论。语言是否影响了思维?对这一问题的回答需要结合心理学和语言学两方面的知识,而研究该问题的科学的、精密的方法还尚未被设计出来。

涉及思维、推理和沟通的认知技能的研究工作仍在扩展之中。研究的范围包括这些技能的获得和发展、伴随它们一起产生的问题,以及它们之间的相互影响等等。恐怕要强调的是,为了正常地发挥功能和更好地适应,我们需要在心不在焉和集中精力之间获得一种平衡——知道什么时候该投入行动,什么时候该停下来思考。如果我们完全在逻辑的基础上行事,就像机器人或斯包克先生[1]那样，那么我们就不能灵活地适应复杂和不确定的日常生活。因此,确有一些领域,在其中,我们看来比人工智能机器要高明一些,尽管机器的记忆储存量比我们的要

① 科学幻想电视节目中的人物。——译注

大，机器验证假说也比我们快。当然，我们的特点是既有感情又有思维，这可以帮助我们理解为什么我们会做我们所做的事情。

专栏4.3中九个点问题的答案

只有在由点所构成的正方形边界之外，延长一些线条，才能解决这个问题，或者可以用其他方式来打破“边界”：例如把九个点切成三列，再重新排成一条连续的直线。

第五章

为什么我们会做我们所做的事情？动机和情绪

感情不仅给我们的经历增添了色彩，而且为我们的生活提供了情绪背景，感情是为目的服务的。感情促进了行动，我们常常用当时的感情来解释行动：我敲了桌子是因为我生气，避免说话是因为我紧张，或者，给自己找了杯饮料是因为我渴了。动机(饥、渴、性)决定了我努力的目标，而情绪(高兴、沮丧、绝望)则反映了我在过程中所体验的感情。然而，在心理学教科书里，动机和情绪常常被归在一起，若不做解释，这种并列可能会显得挺神秘。除了都能被你“感觉到”这一点之外，愤怒和口渴到底还有什么共同之处呢?它们之所以受到同样对待，主要原因就在于它们能驱使我们行动。我们谈到它们时，就好像它们是我们体内的力量，在这样或那样地推着我们。这股力量在不断地变化，并不一定总是可理解的或合乎逻辑的，但它们又不独立于其他心理因素而存在。它们都影响着之前所描述过的过程(知觉、注意、学习、记忆、思维、推理和沟通)，也受到这些过程的影响。心理学家的问题之一就是搞清楚这些过程和感情是怎样相互影响的，以此来说明为什么我们会做我们所做的事情。

情绪组织我们的活动。情绪告诉我们什么是我们想要的：做好工作、一顿美餐、摆脱了一切麻烦事；也告诉我们什么是我们不想要的：又一次争论或增加税收。情绪带着倾向，以一种特别的方式表现出来。情绪可以起到动机的作用；一个伤心或害怕的孩子会寻求舒适和安全，或大哭起来求援，(在大多数情况下)人们都寻求接近他们所爱的人。于是，光有逻辑是不够的。想象一下，在没有感情的情况下，你试着决定做什么工作，信任什么人——甚至和谁结婚。人头脑里一切复杂的精神装备都已经发育成熟了，因此，当精神装备运转正常时，它会帮助我们得到想要的东西，避开不想要的东西。动机和情绪是精神机器的动员装置——它们是油缸里的燃料，而我们行为的方式(是采取行动还是不采取行动)则是感情同装备的其他部分相互影响的结果。

动机：推动与刺激

根据《牛津英语词典》的解释，动机是“有意识或无意识的刺激，它促进行动趋向由心理或社会因素提供的期望目标；该目标给出了行为的目的和方向”。按心理学的说法，正如乔治·米勒所说的，动机是“能克服我们的懒惰、促使我们(无论是急迫地还是不太情愿地)行动的所有推动与刺激——不论是生理的、社会的还是心理的”。行动背后的动机是由多种因素引发的：饥饿是生理的动机，接受是社会的动机，好奇则是心理的动机。因此，动机是复杂的。例如，饥饿是由内部和外部因素——空空的肚皮和新烤好面包的香味——决定的。我饿了就会去找食物，越饿找得越起劲，越愿意多花时间去找。饥饿决定了行为的方向、强度和持久度，但它并不决定吃这一行为所包含的一切。我也可能会在心痛而不是肚子痛的时候去找东西吃，或者仅仅因为我有一进家门就想吃东西的习惯。

心理学家用一种明晰的方式把动机分了类。**初级动机**帮我们满足基本需要，如食品、饮料、温暖和栖身之地。要保证生存，就得满足这些需要。对主观控制它们的企图，这些需要是不会轻易做出反应的——这就是节食为何那么困难的原因。有些需要是周期性的(吃东西和睡觉)，它们的力量以基本有规律的方式增加或减少。然而，这些周期性的需要也是复杂的相互影响的结果——按时用餐的人，少吃一顿就会感到饿；那些成天吃零食的人，或用餐不正常的人就不大会感到饿。

次级动机(如友谊或自由——或如弗洛伊德所说的，"荣誉、权力、财富、名声和来自女人的爱")是后天获取或学来的，它们所满足的需要可能同初级动机有间接的关系，也可能没有。赚钱使我能满足吃、喝之类的初级需要，但如写短篇小说等创造活动则似乎与初级需要无关。有些次级动机很容易区别：对友谊的需要、对独立的需要，因为内疚而对某人友善。有些动机可能是没意识到的，如我为增强或保护自尊而做的事情。有些动机可用来表示行为是合理的：避免冲突以便让他人高兴。1954年，马斯洛搞了一个等级表，上面列出了低层次的需要(满足了它们就减少了生理系统的匮乏，如对食品和水的需要)和高层次的个人需要或抽象的需要(专栏5.1)。

马斯洛相信，只有满足了低层次的需要，才会出现高层次的需要。这个理论的价值主要在于它推动了人本主义治疗的发展。现代社会的许多人，即使其基本生理需要已经得到满足，却仍会感到不开心，这说明，个人成长及实现潜能的需要是重要的动机力量。用人本主义的术语来说，它们是比低层次的生理力量更有意义、更深刻的促进因素："人不能光靠面包活着。"然而，这个理论缺乏实证支持，自我实现又没有明确的定义，在实际中，它对外部因素(如教育机会、文化机会、经济机会)的依赖程度一点不比对动机的依赖程度低。

专栏5.1　需要的等级

自我实现和个人成长

审美体验

认知活动

自尊

爱和归属感

安全感

生存

马斯洛，1954年

至今，尚无恰当的动机理论能够解释关于低层次动机(比如生理需要)及高层次需要(比如想要被喜欢、被接纳的欲望)现在所知道的一切(认知因素在高层次需要中很重要)。然而，在理解为什么我们会做我们所做的事情的时候，两种需要都需要考虑，这是很明确的。两种对照鲜明的理论(**内平衡驱力理论**和**目标理论**)说明了心理学家考虑动机时的取向。

内平衡驱力理论的主要观点是，保持一个相对稳定不变的内部环境是十分重要的。如果偏离了这种状态，或出现了不平衡，都会立即要求采取行动来恢复平衡。行动是受了不平衡感的“驱动”的，行动会继续下去直至平衡恢复：饥饿的心理效应把我们送进了厨房，在那里吃我们找到的东西就减弱了不平衡感或由饥饿引起的不舒适感。把强化的概念纳入到这个基本的内平衡理论之中的**驱力降低理论**认为，成功地减弱了一个驱力的行为(如你饿的时候吃了块巧克力)会被当做愉快的体验，因而会得到强化。随着驱力得到满足,继续这个行为的动机就会减少。因此,我们应该放慢吃的速度,或不饿了就别再吃。我们实际做的事情取决于动机(饥饿的驱力——或仅仅是对愉快体验的需要)和学习(关于巧克力的知识——到哪里去找巧克力,吃多少块才不会感到难受)。这个理论很好地解释了复杂行为模式的某些方面(为了得到注意而拒绝吃东西)。满足对注意的需要,有助于重新建立一个正常的吃的标准。然而,驱力的概念不适用于解释行为的其他方面,如试吃一种新的墨西哥调味汁或吃下欧洲防风根以便不触怒他人。我们的大部分行为受到了社会的、认知的、美学的因素的诱导,而驱力降低理论并不能解释这些因素,除非假定一个驱力来对应一种相倚:想听舒伯特的驱力,想听迈尔斯·戴维斯的驱力,或者想沿着山顶行走的驱力。

相反,**目标理论**企图用认知因素来解释为什么我们会做我们所做的事情,这个理论认为某人的动机就是他有意识地努力去做的事情,即他的目标。这个理论还认为,目标越难达到,人们就越会努力工作,表现水平也越高。专栏5.2中描述了在车间里检验这个理论的实验。

在百分之九十的相关研究中,都可看到目标设置确实可以改进表现,在下列条件下更是如此:人们接受已设定的目标,有人把所取得的进步告诉了他们,达到目标有奖赏,有达到目标的能力,得到负责人恰当的支持和鼓励。这些发现已被有效地应用在工作环境之中,尽管我们仍需要了解为什么有的工人比其他人定的目标要高,以及树立一个目标所调动的驱动力和其他力量(生理的或社会的力量)如何相互影响。

图 10 登山：驱力还是目标

专栏5.2　做到最好

假定：瞄准最难目标的人应该表现得最好。

方法：工人得到的任务是伐木和运输木料，他们被分成小组来完成工作。想要"做到最好"的小组没领到目标，"指定"小组领到了事先指定的一定难度的目标，而"参与"小组则被要求自己设定目标的具体难度。

结果：想要"做到最好"的小组一小时运出四十六立方英尺的木料，"指定"小组一小时运出五十三立方英尺的木料，"参与"小组则一小时运出五十六立方英尺的木料。

莱瑟姆和于克尔，1975年

因此，不同的动机和生理系统、认知系统和行为系统以不同形式相互影响，于是，在明确初级动机时，内平衡驱力起了重要作用，在明确次级动机时，认知因素(如目标)则更有影响力。我们做的许多事情都涉及一套复杂的动机。这一领域的研究发现有许多实际的用处，如帮助我们鼓励人们的学习和工作，帮助我们理解并解决动机系统里的问题(例如肥胖者遇到的困难和节食的困难)。

情绪

要心理学家给出情绪的恰当定义，一直是非常困难的，部分原因是对其各组成部分的测量并不总是相互联系的。心理学家区分的五个组成部分有生理上的(心率和血压的变化)、表情上的(微笑、皱眉头、颓然坐在椅子上)、行为上的(握拳、跑开)、认知上的(感知到威胁、危险、失落或愉快)和经验上的(体验到复杂的感情)。伤心时我也能微笑，感到害怕时心率也会不变。

这种相互联系的缺乏意味着,仅靠测量某一部分的因素是不能正确地研究和理解情绪的。

颜色中有三原色,那么,情绪中有没有原始情绪呢?这个问题依然悬而未决,尽管自达尔文以来,人们进行了许多跨文化、跨物种的研究。表达某些情绪(如害怕、愤怒、伤心、惊奇、讨厌和高兴)的面部表情,在不同种族的人及许多动物中都是相当类似的,能识别出来。然而,可能因为情绪中的五个组成部分之间缺乏协调,所以在经验水平上比在生理和表情水平上,能识别出的情绪种类更多。当然,微笑和皱眉头的样子同做这种表情的人数及引发这种表情的情境一样多。复杂情绪(如内疚、羞愧)主要由认知因素(如我们怎么看自己,我们认为别人是怎么想的以及内化的社会规范)所决定。据我们现在所知,复杂情感和内在的社会规范在生理意义上并没有区别。如果仅靠观察得到的表情来辨别情感,那是很容易混淆的。

大多数时候,我们体验到的是混合的情绪,或者是不同程度的情感,就丰富程度而言,和我们感觉到的颜色一样。我们体验到的不是纯粹的状态。尽管这些情感有相同的方面,你和我都会感到伤心,都能体察到对方的伤心,当我们谈到伤心时也知道伤心是什么意思,但是,我伤心的体验和你的毕竟不同。伤心对我的意义以及我表达伤心的方式是由它融入我的世界的方式决定的,是由我的经历、记忆、思想、反应决定的,是由别人过去对我的伤心所做的反应决定的。如果他们曾叫我走开,别烦他们,那么,我可能会把伤心藏起来,并且觉得很难再谈起它。问题在于情绪的体验和表达都是复杂过程的产物,而心理学家才刚刚开始理解这些过程。

不同的情绪看起来是由大脑的不同部位控制的。愤怒和伤

图 11 牛津大学某学院的滴水嘴，它描绘了一种原始情绪

心明显是由右脑，而高兴则是由左脑来控制的。就连刚出生一周的婴儿都会在他们的两片额叶附近，对不同的情绪做出不同的反应。额叶是大脑的一部分，对情绪控制有特别的意义。这可能是因为，这两个半脑对肌肉的控制不同，右脑对在打斗或逃跑中发力的大块肌肉的活动有更好的控制。这种特异性控制是否还能带来其他好处，我们还不知道，但有证据显示，被称作**边缘系统**的那部分大脑像情绪中心那样发挥作用，那一层层盘绕的灰色物质(**皮层**和**新皮层**)在进化意义上发展得比较晚，它拥有思考情感的能力及其他一些能力。

信息高速地、直接地进出边缘系统，后来才到达认知中心，于是我们容易受到"情绪劫持"的影响：尽管我们已决定保持镇静并控制我们的情绪，可愤怒和恐惧照样突袭我们。在极度恐惧中，我们会做出"原始"反应，例如跳出大型货车的车道逃命，或更有头脑一些，打电话请求适当的救援服务。我们对饥饿的原始反应可能会让我们吃掉所有的巧克力，就像熊在寒冷的冬天开始之前，把秋天的水果大口吞下一样，而比较理性的做法则是“抑制”，而不是(对欲望)“投降”。因此，为了克服来自较原始系统的压力，就需要采取有策略的行为，这些行为引起了各种复杂情绪，从自我满足到未满足时的期盼。

从进化的意义上来看，情绪较原始的方面有助于解释情绪中断思维的能力(见专栏5.3)。当我们在情绪上被扰乱并抱怨我们再也不能思考的时候，事实上我们是正确的。额叶在记忆工作中起着重要的作用，当(与情绪有关的)边缘系统占据了优势并要求所有注意力的时候，额叶就不能正常工作。这一发现把心理学家的注意力集中到了研究情绪的控制是怎么获得的。这种控制有许多实际的应用，比如有助于改变我们对爱捣乱的、学得比较慢的儿童的态度。痛苦和不安的学生难以正常地学习，因为他们的情绪被高度激发，减轻他们的痛苦比加强教学更能提高他们的学习潜力。

专栏5.3　内部自我的支点……

“……内部自我的支点是情绪。这个居高临下、‘与自我有关’的大脑处于额叶和边缘系统的连接位置，可以评定环境中的威胁并组织快速反应。人类可以不依从于这个普通的运作模式：行动可以重新考虑，我们能够学习并在经历中成长，有意识的控制能够改变无效的倾向。但是，人类最经常采取的最可靠和最可行的做法，还是跟着感觉走，在过去的时代尤其如此。”

摘自《意识的进化》，奥恩斯坦，1991：153

心理学这个领域里没有解决的最有趣的问题之一，是思想与情感之间关系的本质。早期的情绪理论，主要阐述了情绪的体验和身体变化之间的关系，即回答先有鸡还是先有蛋的问题(先有心跳加速还是先有恐惧体验)。这些理论都不能解释某种特别的知觉是怎么被认知系统了解的：我们如何才能知道我们所处的情境是危险的、刺激的，还是安全的？

认知标签理论(或**双因素理论**)是20世纪60年代初发展起来的。这个理论引发了情绪研究的一种新取向。根据这一理论，情绪体验是由生理唤醒和与此同时体验到的**感觉标签**(或解释)共同决定的。为了检验这个理论，研究人员设计了精巧的实验，使情绪的某些组成部分发生变动，而同时别的组成部分则保持不变，如专栏5.4中所描述的那样。实验发现已被用来说明认知在情绪体验中的作用。我们经历的事情受到认知因素很大的影响：比如我们对情境的了解，我们如何解释内部和外部所发生的一切，当然还有我们所了解和记得的关于这些情境的情况。

专栏5.4　我知道我的感受吗？

目的：当人们的生理兴奋症状类似，但情绪上有不同的体验时，会有什么情况发生？

方法：告诉一些受试者，他们正在参加一项测验，检测一种针对视觉的新型维生素。给一些受试者注射(能在生理上引起兴奋反应的)肾上腺素，给其他人注射盐水。只有部分被注射了肾上腺素的人被正确地告知了该药的作用。在等待药物起作用的时候，把这些受试者放入一个预先设定好的情境，(通过一位演员)使研究对象产生幸福或愤怒的感觉。

结果：等候期之后，受试者报告的情绪反映了演员所表达的情绪。很明显，他们的情绪受到了社会和认知因素的影响。那些被注射了肾上腺素，却又未被正确告知其药效的人，最易受影响。根据报告，他们最可能感到更高兴或者更生气，这要看演员是怎么做的。那些曾被告知药效的人，对演员行为的反应就不会那么强烈，而且会将自己的感受部分归因于注射。

结论： 我们对情境的觉察会影响到我们实际感觉到的情绪，但是，我们的生理状态会**决定我们感受的强弱**。

沙赫特和辛格，1962年

尽管实验有瑕疵，但是认知标签理论仍有重要的影响。在情绪的认知方面的一些后续研究，对于理解忧郁及发展心理治疗是有很大贡献的。认知疗法，特别是对抑郁和焦虑的治疗，基于这样一个想法之上：思想和情感之间关系太密切，改变一个，另一个就会随之改变。由于直接改变情感比较困难，认知疗法企图间接改变情感，用疗法改变思维，以找出看待事物的新方法或新角度。例如，一段关系的了结可以解释为我今后再也找不到另一个合作伙伴了(这个想法令我伤心，并使我难以再走出去，结识更多的人)，然而也可以解释为我虽然很不开心，这可以理解，但是我依然具备连我失去的伙伴都被吸引的种种特点，可以再去结交新朋友。换句话说，加深对情绪的认知方面的理解，可以帮助我们对思想、感情和一般行为之间的错综复杂的关系有更多的理解。反过来，这又可以指导认知疗法，这种疗法对帮助经历情绪困难的人，明显是有效的。

多年来，实验心理学家很少系统地注意过情感，他们假定更可能在别处找到对人类行为有用的解释。事实上，我们确实偏向于假定是情感挡了道，或者说是它们干扰了原本理性的行为，但有的心理学家似乎已假定了情感是临床医生研究的领域，而临床医生对情感的理解又与个人素质(如敏锐性和移情能力以及他们在心理学其他方面的更科学的知识)有关。但是，这种观点并未给予动机与情绪的进化功能以足够的重视。

恐惧使得我们想逃避，愤怒使得我们想出击。当然，愤怒等情感可能使我们惹上麻烦，也可能使我们摆脱麻烦，但我们如果没有这些情感，可能会使自己身处险境，而且我们也靠它们来界定目标并朝着目标工作。有人甚至主张，有一种东西叫作情绪智力——它是因人而异的，它能在不同程度上帮助我们达到目的，心理学家对此应做细心的研究，以便找出如何才能获得与发展这种品质，使其趋于成熟。

动机和情绪的研究对临床领域的贡献，与精神分析、人本主义疗法和认知疗法的贡献一样广泛。对于动机和情绪的研究也对一些治疗计划的发展有贡献，这些计划可以帮助那些在初级需要(如吃、喝及性)和次级需要(如吸烟、赌博)方面有问题的人。这类研究之所以能起到帮助，是因为我们已经证明了，为了研究情感和回答为什么我们会做我们所做的事情，我们有必要考虑许多相互影响的系统：身体的、认知的、情绪的、行为的和社会文化的系统。其中的复杂性意味着我们还有很多东西要学。我们对情绪刺激以及对注意、学习、记忆间相互影响的理解在不断加强。这种理解是有一些实际用处的。例如，我们已经停止使用测谎仪了。测谎仪只测量了情绪的一个组成部分，因此，它不可能是可信的。这一领域的复杂性也许能说明为什么有些重要问题(如看电视里的暴力场面会产生什么效果，以及愤怒是封存起来好还是释放出来好)还存在广泛的争议。

第六章

有没有固定的样式？发展心理学

人们发展最明显的是身体：从弱小无助的婴儿变成多少有点能力的成人。然而，发展，特别是心理上的发展并不随身体的成熟而停止——它在整个成人期不断继续。发展心理学的发现揭示了发展的惯常模式，这有许多用途：指导家长在孩子的什么年龄阶段该期望什么、规划什么样的教育，确定什么时候孩子的发展是不正常的，预测早期经历对后期行为的影响，以及为年纪大一些的人创造合适的机会。

发展心理学既要考虑随年龄而出现的变化，又要理解这些变化是怎么发生的(发展的**过程**)。在考虑过程时，有两个问题十分重要。第一个问题是：发展的过程是一个一个阶段展开的，还是连续展开的?第二个问题是：生物的发展是由“天性”(控制肉体成熟的遗传)决定的，还是受环境条件(“教养”)的影响?阶段的概念认为每个人都按一样的顺序通过一样的阶段，只有先通过前面的阶段才能达到后面的阶段。很明显，要获得复杂的技能必须先获得基本的技能：先学会数数，才学会相加；先会抓，才会提。发展的大致阶段也反映在“婴儿”、“儿童”、“成人”这些词语里。但是，有没有更具体一点的阶段呢?如果有，这些阶段是不是一成不变的呢?观察结果表明，发展并不像阶段论设想的那么固定：大多数孩子是先爬后走，但有些孩子却不是这样。

规则的例外使得心理学家认为，在人类发展中有一些**关键期**——在某些时期，为了让发展继续正常进行，有些事件必须发生。例如，人的胚胎在第七周之前如接受不到适宜的激素，男性的性器官就不会很好地发展，直到青春期激发另一次激素活动为止。有证据表明，心理发展也有关键期(或至少是敏感期)。专栏6.1中的个案研究说明，在七岁前没开始学习语言的孩子以后再学就十分困难了。

专栏6.1　剥夺的极端个案：珍妮

珍妮十三岁时受到有关当局的注意。她的父母对她特别粗暴——她几乎所有时间都独自一个人，而且被绑得紧紧的。从来没有人跟她说过话，她弄出一点声音就要挨打。发现她时，珍妮缺乏很多基本技能——她既不会咀嚼又不会站直了走路，大小便失禁，几乎不会说话。珍妮接受了强化培训，最后被送到一个收养她的家庭。在体能和社交能力方面，她都取得了惊人的进步。尽管她学会了理解和使用基本的语言，可是她的语法和发音始终是不标准的。

珍妮的个案是个极端的例子，它说明了环境条件是怎样影响发展的。遗传因素和环境因素的相对重要性——天性/教养的问题——出现在心理学的许多论题中，而且，它与发展有特别的关联。分开养大的双胞胎之间仍有特别相似之处，如他们对某种风格的衣服和音乐的偏好。这说明在发展的过程中，预先定好的道路也许是不能改变的。然而，更深入的研究已经令大多数心理学家相信，健康的发展既要有“天性”的部分，也要有“教养”的部分。例如，学习口语的潜能是天生的（天性的部分），但是，语言学习的速度、语言的形式、重音、词汇及运用语言表达复杂的思想和感情的能力，则是由“教养”决定的，这种教养包括文化的影响，比如那些促使男人和女人以不同方式运用语言的影响。

什么是天生的？

正如第三章中所提到的，婴儿生下来就会学习。他们生下来就有一些自发的动作，如吮吸和抓握。才几天大的婴儿就会区别嗓音，喜欢看人的脸。一个月大时，婴儿就会为得到一口甜的东西而区别声音。在一切物种中，年幼的动物好像就已经准备好了去学那些有用的技巧——人类的婴儿可能“天生”就具有种种能力来鼓励大人关爱他们。例如，新生婴儿在物体前后移动时还不会调整眼睛的聚焦点，却已经知道按他们被抱着时的大致距离来调整眼睛的聚焦点了。类似的情形是，新生婴儿区别话语的非凡能力使他们在才三天大的时候，就能听出母亲的嗓音并能表示出喜欢母亲的嗓音。有的学习甚至可能在子宫里就发生了——新生婴儿对母亲的语言和别人的语言的反应是不一样的。然而，“生来就有的”潜能(或能力)可能会指导和促进以后的学习。专栏6.2中的实验说明婴儿生下来就能组织和解释他们感觉到的大量刺激，他们好像已经在使用(第二章描述过的那些)初级的知觉原则了。

专栏6.2　关于数字，婴儿知道些什么？

给六至八个月大的婴儿看一系列成对的幻灯片，一张幻灯片上面有三个物品，另一张幻灯片上面有两个物品。在看幻灯片的同时，婴儿还能听到从幻灯片中间的扬声器里传出的两声或三声击鼓的声音。对与击鼓次数相吻合的幻灯片,婴儿就会看得时间长一点。当鼓声是两下时,婴儿就会多花一点时间来看有两个物品的幻灯片。这些结果说明,婴儿能很好地抽象出数字信息，认出类似的东西或给类似的东西“配对”。这并不是说他们具有数字方面的特殊知识,但是,他们具有某些天生的能力,这些能力可以帮助他们学习数字。

儿童的发展

在生命的头几年里发生的变化比其他任何时期都要多。例如,到两岁时,你就长到了最终身高的一半并学会了足以传达基本需要的语言。尽管孩子学习走路和说话之类的基本技能不需要正规训练,但是孩子学习这些技能的速度却很不一样。发展心理学家试图找出影响这个过程的因素。与生活在刺激更为丰富的环境中的孩子相比,生活在社会福利机构里的孩子很少受到注意,也没有多少玩耍的机会,他们发展的速度会慢一些。不过,这种由刺激不足所产生的有害影响,只要一天有一个小时玩耍的机会就可以弥补了。

对在不利环境中长大的孩了的观察说明,缺乏锻炼和运动的机会,会造成认知发展和动作发展的迟缓:就好像玩耍能帮助孩子思考似的。这些发现促使发展心理学家提出了另一个问题:加大刺激和训练量,会不会加速在良好环境里长大的孩子的发展?有实验对这一提法进行了检测,专栏6.3是其中的一个实验。

专栏6.3　额外的练习能帮助婴儿发育吗?

让同卵双胞胎中的一个做大量的早期练习来学习一种技能,如爬行。后来,让另一个做一段短时间的练习,然后来比较两人的表现。一般说来,双胞胎的表现总是差不多的,只要练得少的那一个有少量的练习就行。就运动技能而言,以后(当孩子的身体更成熟时)的少量练习同早期的大量练习的效果可以同样好。

人格与社会发展

如果生理发展既受经历的控制也受肉体成熟过程的控制,那么其他方面的发展,如人格与社会发展,是否也是这样呢?实际上,婴儿很早就出现社交反应了:不同文化背景之下的两个月大的婴儿,即便是盲婴,也会向母亲微笑——微笑可以增强母婴联系。微笑的普遍性说明了成熟在其中起到了重要的作用。到三四个月大时,婴儿会认出和喜欢熟悉的人,但他们仍会对陌生人表示出友善的态度。直到八到十二个月大时,婴儿才开始害怕陌生人。分离时感到的痛苦和对陌生人的害怕,到两三岁时就减弱了,那时候,孩子已经更有能力顾及自己的某些需要了。这些变化有进化上的意义:对陌生人的害怕随行走能力的增强而加强,然后随能力的增强而减弱。

有人说孩子同**首要护理者**(照料孩子最多的那个人)的联系在决定他以后的心理发展方面是至关重要的。例如,在1951年,约翰·鲍尔比曾说过:“在婴儿期和童年,母爱对于精神健康就像维生素和蛋白质对于身体健康一样重要。”最近,他又指出,精神错乱的人都表现出一种社会关系上的失调,这种失调可

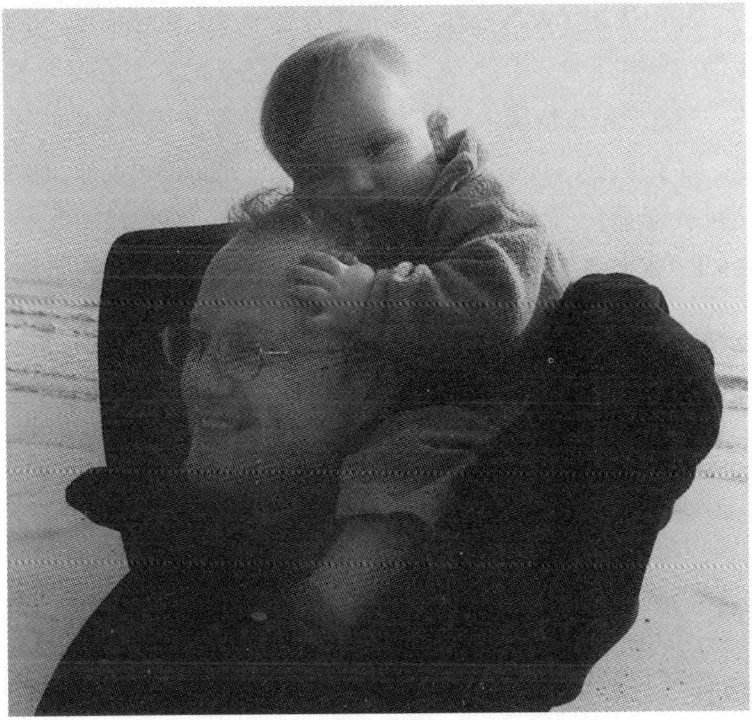

图 12 一个孩子显示对父亲的依恋

能源自童年时母子关系不好。发展心理学家进行了调查，来研究早期关系的质量和/或数量是不是真的会决定以后功能的发挥，以及什么因素会影响早期的关系。

孩子的早期关系常被称为**依恋**——和某个人(**依恋对象**)相对长久的情感联结。依恋的紧密与否可从两个方面来测量：婴儿或幼儿想接近依恋对象到什么程度；一般是否总向着他们(他们一走开就不开心，他们一回来就高兴)。依恋能使孩子在新环境中感到安全，于是他们就会在身体和心理上不断探索，逐渐增强自己的独立性并逐渐**脱离**依恋对象。依恋通常在一岁到一岁半时达到高峰，然后逐渐减弱，但其效果可能会持续下去。

表6.1描述了发展心理学家是怎么在一个固定环境(称为陌生情境) 中观察孩子的行为并以此来给孩子的依恋程度分类的。在这个**陌生情境**中,孩子和妈妈待在一间放满玩具的屋子里。过了一会儿,孩子不认识的一个人来了,然后妈妈走开,很快又回来。通过一面单向的镜子可以观察到孩子在各阶段的行为。

表6.1　依恋的类型

一般描述	对母亲离去的反应	对母亲返回的反应	对陌生人的反应
焦虑—回避	大致上不受母亲在不在的影响——很少注意她,在她离开时也不显得痛苦。	当母亲返回时孩子一般很少跟她联系。	陌生人出现一般不会痛苦。对母亲和陌生人的态度一般差不多,母亲和陌生人都很容易安慰孩子。
安全地依附母亲	只要母亲在,玩得就很高兴。她一走,就会明显不高兴。	马上从母亲那里寻找和获取安慰,然后接着玩。	母亲在时会对陌生人友好,母亲不在时就会不开心。明显与母亲更亲近些。
焦虑—矛盾	在探索时不能向母亲寻求安全保护,她不在旁边时不高兴,她走开时更不高兴。	当母亲回来时,对她似乎既爱又恨,哭着要母亲抱起他,被抱起时又叫嚷要母亲放下他。	对陌生人试图接触的努力表示反抗。

尽管开始大家认为孩子表现出的是所谓的有意图的亲热——他们跟母亲黏得紧主要是因为母亲是他们的食物来源，但是专栏6.4中所描述的关于猴子的实验说明情况并非如此。

专栏6.4 猴子的依恋

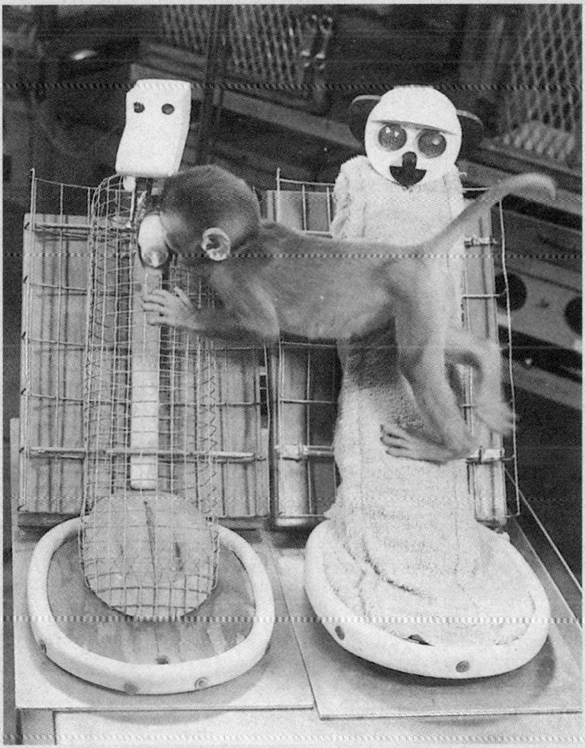

图13

小猴子刚出世不久，就跟自己的母亲分开了，它们有两个替代的“母亲”。这两个母亲都是用金属丝网做的，分别有一个木头脑袋。一个身上有毛圈织物和泡沫，看起来更“可爱”。另一个只有裸露的金属丝，不过胸前有个奶瓶。猴子还是和“可爱”的母亲更亲热些，尽管另一个母亲会给它们奶喝。

影响人类依恋最重要的因素好像是孩子的气质(他的“天性”)和依恋对象的**应答性**(对孩子需要的理解和敏感)。如果依恋对象的反应主要建立在自己的需要而不是孩子的需要信号之上,那么他就没法让孩子感到安全。例如,自己觉得方便就和孩子玩玩,而不是在看到孩子有想玩的迹象的时候。这也许可以解释为什么孩子最依恋的不一定是那个在身体上照料他们最多的人。在孩子决定依恋谁时,关爱的质量似乎比数量更重要。

早期经历的影响

发展心理学的一项重要任务就是设法确定早期经历(如父母养育得不好)是否影响以后的发展,以及匮乏的早期生活造成的后果能否得以改善。专栏6.5中的实验调查的就是这个问题。

专栏6.5　对早期剥夺造成的后果的调查

在全部隔离和部分隔离(可以看见但不能互相触摸)的条件下饲养猴子的结果表明，这种条件会引起极度适应不良的行为——这些猴子的社交能力减弱，爱对它们的同类寻衅,择偶有困难,而且后来常会变成虐待小猴的母亲。然而,假如不再隔离这些猴子,或只给它们一个玩伴,三个月后它们就会正常发展。其他实验包括用“虐待型母亲”(就是穿衣服的假猴子,它们会用冷气吹小猴)来饲养猴子。这些研究发现“受到虐待的”小猴对它们的“母亲”的依恋反而更强。

尽管对婴儿进行这类实验是不道德的,但是像珍妮(专栏6.1中所描述的)这样的个案研究确实揭示了早期剥夺所造成的部分后果。专栏6.6中描述了一项研究,说明了婴儿同父母分离对以后发展的影响。

专栏6.6 婴儿同其父母分离的后果

有一项研究是关于孩子的。四个月大的孩子被送往孤儿院里照料，经研究发现，四岁时被人领养的孩子后来发展得比那些回到亲生父母身边或留在孤儿院里的孩子都好得多。这可能是因为领养父母的社会地位较高，或因为“返回儿童”回去的家庭依然有许多问题。这些结果表明，早期分离的有害后果是可以得到改善的，而迟至四岁才形成的关系，也可以为健康发展提供一个基础。另外，有的留在孤儿院里的孩子比回到亲生父母身边的孩子发展得更好，这个发现和鲍尔比的观点有矛盾，他认为“母爱”总是最好的。

一般来说，研究表明，安全地同父母在一起的婴儿能较好地根据新经历和新关系做出调整。越来越多的研究说明，婴儿时期父母若照料得不好，可能会引发以后的精神病。这类研究的发现给临床理论提供了坚实的科学基础，可能有助于提出更好的办法来解决临床问题，并帮助家长成为更好的护理者。另外，许多研究说明了，早期经历的有害后果是可以得到矫正的，特别是当孩子还小的时候就改善条件的话。事实上，许多研究者都为孩子的恢复能力而感到意外，在任何情况(除去最不利的情况)下，都有一种朝正常发展靠拢的倾向。

毕生发展

在一生中，人都在身体上、心理上不断发展，青春期的变化至少部分源于身体上的成熟，其他的变化则反映了相当程度上的环境影响。比如，上了年纪的人倾向于采取久坐不动的生活方式，但是这可能只是对环境变化(如退休、社会活动的减少、身体健康状况变差)的一种反应。1968年，埃里克森提出了毕生发展的阶段理论，认为人类的发展遵循表6.2中所设定的样式。

表6.2　人类发展的阶段

阶段	心理社会危机	主要活动	有意义的关系	有利的结果
一岁	信任/不信任	持续、稳定的关爱	主要的护理者	信任、乐观
二至三岁	自主性/疑虑	独立于父母	父母	独立、自尊
四至五岁	主动性/罪疚感	对环境的探索	基本家庭成员	自我定向、目标
六岁到青春期	勤勉/自卑	知识的吸取	家庭、邻居和学校	胜利感/成就感
青春期	同一性/角色混淆	突出的才能、人格	同伴、内集团、外集团	完整的自我形象
成年早期	亲密/孤独	深刻、长久的关系	朋友、情人、竞争、合作	体验爱情、责任的能力
成年中期	繁殖/自我专注	为社会生产和创造	劳动分工、分担家务	关注家庭、社会和后代
成年后期	自我整合/失望	生活的回顾和评估	人类、大家庭	满足感、对死亡的接受

这种理论认为人的毕生发展有一定的阶段，每个阶段会包含一项具体的任务或**心理社会危机**，每个人在一生中都得完成

这些任务或经历这些危机。例如，青春期的主要任务被看作是寻找同一性[①]。开始，对小范围青少年的观察发现，青春期是动荡期，特点是对权威人物的反叛。然而，对更大范围的青少年的研究发现，许多青少年并不反叛权威，反而同家长和老师保持着良好的关系。这个例子说明，如果只从更大的人群中挑一小部分代表性不强的人来进行观察的话，往往就会出错。后来的研究调查了各种背景之下的青少年，碰到了青少年时期的大量**角色演变**。处在青春期的人获得了许多新的角色(如工作上的角色、男朋友/女朋友的角色)，还获得了成人间的相互影响模式。埃里克森认为青春期最重要的任务是习惯于这些新的角色：尽管不得不按照新的角色来行动，也要找到单一的、完整的同一性。正像每个阶段都为下一个阶段奠定了基础那样，人们认为，这种同一性的连贯也为以后成人期的社会关系和生产能力奠定了基础。埃里克森认为，没有完整的同一性，人会经历**同一性混淆**，并且会在组建关系、计划未来、达到目标方面遇到困难。如果对我们是谁没有清晰的感觉，就很难决定我们未来想要什么。

关于认知功能随年龄增长而趋弱的研究表明，只看人口中的子样本是会出问题的。有多项研究比较过年纪较大的人和年纪较轻的人的智力测验成绩，研究显示，年纪较轻的人有更高的智商，即智力随年龄增长而衰减。然而，这些研究没有考虑**同质效应**——智商测验表现出的社会性决定因素——以及全体人口的智力因更好的教育和营养而得到了提高。重复地对同一批人进行智力测量，并没有证据显示智力随年龄增长而衰减；

---

① 人格成熟的一种状态，是一个人根本的、连续性的自我。——编注

相反,那些不断使用大脑的人,其智力还略有提高。类似的情况是,所谓记忆随年龄增长而衰减的说法,在科学的调查面前也站不住脚,而只能说明系统根据你的要求做出了反应而已。对日常事件记忆的比较显示,老年人比青年人表现得略好一点,这恐怕是因为老年人更关注他们的记忆,因而在测验时会更为专心、更为投入。记忆随年龄增长而衰减的神话,看来一部分要归咎于自我实现的预言:因为人们期望自己会变得健忘,所以他们就不努力去记忆了,于是发现忘记的多记得的少。看来,人们只要不断使大脑处于活跃状态,就不必担心心理能力会出现明显衰退,除非到了生命晚期(如缺乏医疗条件情况下的痴呆)。

尽管智力随年龄增长而衰减的说法没有多少科学根据,但是,确实有一些行为变化同年龄增长有关。例如,在西方社会里,老人往往不如其他年龄的人表现得那么突出。**解脱理论**提出,当人们年纪大起来时,一种生理机制就会启动,这种机制鼓励他们从社会中逐渐退出来,就像动物一旦完成它的进化功能(保证其后代的生存)就偷偷离开,找个地方等死一样。然而,这个类比并不太合适,因为人类的这个解脱过程并不和孩子抚养阶段的终结连在一起,也不和身体健康状况差连在一起。相反,**活动理论**把老年人的解脱解释为一种社会过程:老人在社会上充当的角色少了,而退休可能更减少了在日常生活中起重要作用的机会。尽管有人用其他有价值的活动替代了原先工作中的角色,但有人却做不到,他们可能感到自己没用或孤独。在西方社会里,与年龄增长有关的活动变化的后果,可能因"年龄歧视"而加重。对老人的刻板印象一般总是负面的——他们总是不够聪明、有病、懒惰、观点僵化、脾气不好。这样的刻板印象和其他形式的偏见一样，往往都是不对的——例如，老年人犯糊涂的情况其实并不多。像其他的偏见一样，如果老人所做的正面贡献被忽略而其负面因素却被记住的话(更详细的关于偏见的描述及克服偏见的方法，见第九章)，“年龄歧视”可能会一直持续下去。

我们已经看到，许多生理的、社会的和环境的因素会影响发展过程。虽然有了一个粗略的发展样式，自动矫正的倾向也会产生不断的适应，但是，还有许多潜在的陷阱。发展是个十分复杂的过程，我们在解释不同年龄组之间的差别时要十分谨慎，因为这些差别可能出自一代人与另一代人之间的变化，而不是出自年龄本身。不管怎么说，发展心理学家能够指出哪些因素会对发展有不利的影响，而哪些则不会，这些因素涉及多个领域，包括道德发展、语言习得、思维发展和性别认同等。对发展心理学家来说，未来的挑战集中在如何弥补早期负面经历造成的后果，如何治疗不正常的发展，以及如何在毕生各个阶段提高适应能力上。

第七章

我们能不能把人分类？个体差异

前面一章关注的是人类典型的发展过程和样式，是人们的相似之处，这一章关注的是人们之间的差异。大多数人都喜欢把自己设想成与众不同的个体，那么，能不能把我们之间的差异进行分类呢？能不能找出这些差异的决定因素呢？在实践中，心理学家找出了测量人类心理特征的方法，这是为了找出人与人之间的相似性和差异性。这些心理学上的评估往往采取纸和笔的形式，比如能力测验或成绩测验，它们被用来测量能力或成绩，或被用来评估某个人是否适合担任某种职务(如特殊的教育部门的职务)。

心理测量

心理测验或**心理测定工具**必须既**可信**又**有效**——它们应该能够始终如一地测量出要测量的变量。例如，如果给同一个人做同一种阅读能力测验，两次之间间隔不长，但最后的测验结果却很不相同，那么这种测验就不算好(信度低)。类似的情况是，如果分数挺高阅读能力却不强，那么，这种测验就缺乏效度。同时，心理测验还必须是**标准化的**，这意味着必须有一套“标准”，以此来比较个体的分数。要使测验标准化，就要给一大批目标人群做这个测验，用统计方法来算出“标准”——计算出一个平均分，再计算出高于或低于平均分的人数所占的比率。这样，这些标准就可以用来解释个体的分数了。智商测验是最有名的心理测验，经设计，使其平均分为一百分，百分之九十五的人分数介于七十至一百三十之间，于是，考分达到一百三十二的人就被看作是远远高于平均分的人(属于智商最高的百分之二点五的人)。心理学家还发现，测验进行的方法和条件可能影响测验的结果。如果灯光昏暗，或某人听不清或听不懂题目的说明，那么他的分数就可能人为地变低。因此，进行测验的条件也必须标准化——要使结果有效，那么给每一个人的测验必须以完全一样的方式、在类似的条件下进行。

心理测验被用来评估多种能力和特性。本章将集中讨论个体差异的两个方面——智力和人格，这两个方面也是研究得最仔细、测量得最多的。正如心理学的其他领域一样，智力和人格的个体差异是由遗传还是由环境的影响（天性或教养）所造成的，这一点众说纷纭。

智力

尽管智力是心理学的重要概念之一，但是给智力下定义，却十分困难。智力可以被简单地看作是适应环境的能力，但这种适应能力可能包含许多方面，例如逻辑思维、理性思维、抽象思维、学习能力，以及在新环境里应用学到的知识解决问题的能力。智力是否与所有心理活动都有关联?它是否反映了几个因素的作用?是否有好几种类型的智力?这些问题都曾有心理学家提出过。**白痴天才**(智商很低但具有某种特殊能力的人，如可以说出过去十年中任何一天是星期几)的能力说明，个体在不同领域可以有非常不同的能力。此外,具有极大实用价值的问题是:智力是既定的(天生的),还是能以任何方式学到或者提高的?

智力测验

智力最简单的定义之一就是“智商测验测量的东西”。这个循环定义提出了智商测验和智力定义两者之间关系的问题。智力定义的方式影响着为测量智力而设计的测验,例如,**双因素模式**认为,智力是由一个总的因素和几个具体的因素构成的;而其他模式则认为有许多独立的具体因素,如数字推理、记忆、音乐能力、语言流畅、视觉空间能力、感知速度、对自身的了解、对别人的理解,但并没有一个单独的总的因素。另一种测量智力的方法是检查与智力有关的过程,如处理信息的速度,信息在内部如何表现,或用来解决问题的策略。

对智力定义的不同意见引起了设计智力测量方法的困难:任何智力测验都是建立在一个特定的智力定义或智力概念之上的,这样就可能会反映出调查者侧重点的不同。例如,计时的测验强调处理问题的速度,而其他测验可能是为测量个别的“具体因素”或测量一种天生的、总的能力而设计的。专栏7.1中列出了一些智力测验所涉及的项目。

专栏7.1 智力测验问些什么

智力测验大都包含几个部分,由不同类型的问题组成。有的只是问基本常识,如“一年里有多少个月?”或“澳大利亚的首都在哪里?”有的部分可能为评估人能记忆的数字范围而叫他们复述越来越长的数字串,或为评估他们的计算能力而问这样的问题:“彩票七十六便士一张,买六张,给他十镑,找我多少钱?”词汇量或理解能力也可得到评估,通过询问一些普通词汇的定义,或者询问词组有多少相似性,例如“奖赏—惩罚”(他们只有回答两者都影响他人的行为才能够取得满分)或“柑橘—香蕉”。其他部分可能要求把一些画排列起来,以编出一个故事,或者更实际些,按设计图搭积木或做拼图游戏。

智力测验通常给出一个分数,叫作**智力商数**,简称智商。由于在人生开头的十八年里心理能力的发展,“原始的”测验分数必须根据人的实足年龄做出调整,这种调整要根据人所在的年龄组的标准来进行。对儿童来说,有时分数是以**心理年龄**来表示的。例如一个特别聪明的七岁孩子,他的表现和十岁孩子的平均表现水平一样好,那么,可以说他实足年龄七岁,心理年龄十岁。

尽管智力测验被广泛使用,但还是因为许多原因受到了批评。一个根本的问题在于,智力测验不是在测量智力本身,而是在试图测量所谓的能反映智力的特性。智力测验主要反映了教育成绩,而教育成绩可能不是智力,而是其他因素(如社会阶层、机会、动机等)的产物。另外,智力测验基于这样的想法,即智力是一个可以准确测量的值,它不受临时因素(如测验时的情况、个人的心理状态、动机或最近的经历等)的影响。事实上,智商测验的分数是受临时情境因素影响的,而且,多练习做智商测验就可能会提高分数。

在标准智力测验中,美国的黑人比白人的分数低得多,这个发现引起了特别的争论。事实上,大多数种族的智商测验分数都比美国白人中产阶级的分数低。这个发现被有的人用作

“你建不成茅舍，你不知道如何找可以食用的根，也不知道如何预测天气。换言之，你的智商测验成绩**很差**。”

图 14

“证据”，用以证明有的人种的智力比较低下，但是，其他结果又说明黑人、白人之间智商的区别不能归咎于黑人在遗传上的劣势，例如父亲是美国黑人士兵的德国婴儿同父亲是美国白人士兵的德国婴儿的智商就差不多一样。更可能的是，分数的差别反映了标准智商测验的一个缺陷——这些测验偏向于白人中产阶级的文化。类似于在一场战争中谁是某个国家的领导人这样的问题可能对在西方社会受教育的人比较有利，因为在那场战争发生时，这些人可能有亲戚生活在那个国家，这些人的英语也可能会比较好。有人企图搞一种“文化公平的”测验，不同带文化偏向的问题，甚至根本就不使用语言(见专栏7.2中的例子)。然而，事实已经证明，为一种以上的文化设计一视同仁的测验几乎是不可能的事情。另外，如果智力被定义为对环境做出适当反应的能力，那么，或许有人就会说，智力测验的确偏向白人中产阶级的文化，因为白人文化在当代许多社会中都是主流。

专栏7.2 “文化公平的”智力测验问题

要求受试者从右边的四个图形中挑选出一个最适合左边的。

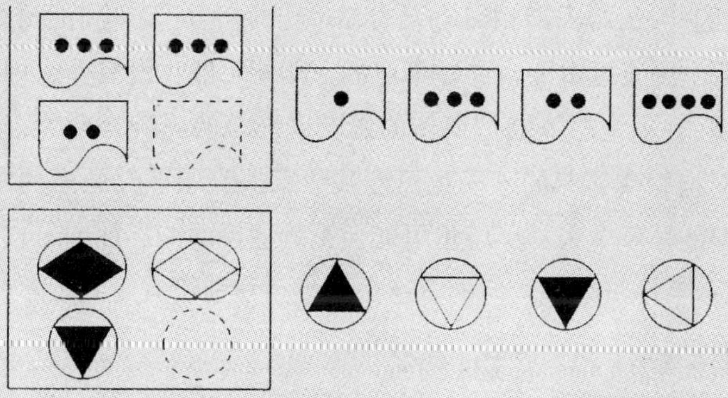

有一种观点在关于智力是什么或智力是不是天生的等问题上做出了调停。这种观点认为有两种基本的智力：一种智力反映了遗传的潜能或一种天生的基本能力，另一种智力是在经历和潜能相互作用的情况下获得或学到的。1963年，卡特尔提出，“液态”智力是天生的解决抽象问题的能力，而“晶态”智力则与实际问题的解决和实际知识有关，而这两者都来源于经历。

智力受环境的影响吗?

心理学家常常通过研究在不同环境中长大的同卵双胞胎(他们在遗传上是完全一样的),或有或亲或疏的血缘关系的家族成员在智力上的类似之处,来试图弄明白智力是受环境影响还是受遗传影响。从这些研究中得到的证据说明了两种影响都存在。例如,在一起长大的双胞胎之间智力上的相似程度比自小分开长大的双胞胎的相似程度要高,这说明了在智力发展中环境的作用。另外,对领养儿童的研究表明,他们的智商类似于他们的领养父母而不是亲生父母。然而,同卵双胞胎在智力上的相似程度又比异卵双胞胎的要高,这说明遗传还是有作用的。因此,遗传因素和环境因素都对智力产生了影响。试图弄明白哪个因素更重要也许并不可能,即便可能也没有什么用处。再说,并不是总能够把遗传的影响同环境的影响分开的:分开的双胞胎或领养的孩子也可能被故意放到同他们原先的家庭类似的环境中去。环境也可能会影响遗传潜能实现的方式,例如,社会经济地位较低的母亲由于生孩子前没有受到足够的关心爱护,生的孩子也会个头较小。

智力能增强吗?

更实际的问题是智力能否因环境影响而提高。诸如加强饮食或促进维生素的摄取之类的最低限度的干预也能使儿童的智商提高七分。这种干预可能会对整体健康状况及精力、专注度、注意等因素产生影响。还有证据显示,孩子受到父母关注的程度也会影响其智商——这或许可以解释出生顺序同智商之间的显著关系,因为第一个孩子通常总是得到较多的注意,而这种注意可能会提高智商。专栏7.3中所描述的研究显示，教育的介入也可能会影响以后的成就。

专栏7.3　启智方案

启智方案的目的是为了让美国那些生活环境不好的学龄前儿童得到补偿。日托托儿所的建立为这些孩子提供了额外的刺激和教育，若干年后，把这些孩子的认知能力和社交能力同没有进过日托托儿所的孩子进行比较。尽管开头的结果并不令人鼓舞，似乎“启智”群体的优势都不能持久，不过后来的报告发现，原来有一个“事后效应”——启智群体在能力测验中分数较高，而且这个优势随年龄的增长而加强了。在实际中，启智群体进补习班或留级的可能性较小，他们更可能会想要追求学业上的成功。这个启智方案对家长也有作用——“启智”学生的母亲对其孩子的学校表现更加满意并会对孩子有更高的职业期望。

与此类似，其他研究也发现日托托儿所及学校的类型可以改变智商。一项研究发现，上较注重学业成绩的学校的儿童，他们的平均智商要比一般水平高五分，而上不那么注重学业成绩的学校的儿童，他们的平均智商要比一般水平低一点五分。

从这些关于智力与智商的研究中，能总结出些什么呢?第一，关于智力的定义或模式还有待取得一致意见。我们对智力是什么有了一个总的看法，但我们却用此术语来描述许多不同的东西，这可能是因为智力本身的确包括很多方面，这些方面又或多或少互相关联。统一智力定义的困难也反映在用来测量智力的测验里，于是测验也并不总是那么公平(如偏向白人中产阶级的文化)。看来，智力太复杂又没有一个恰当的定义，想用智商这样的一个数字来反映智力简直是不可能的。从实际的角度看，智力的研究表明，既然智商是由遗传和环境的影响决定的，就有可能通过改变环境条件来促进智商和成绩的持续提高。

人格

作为一个概念，人格在心理学中或许比智力更重要，也比智力更难定义。不太严格地讲，人格反映了一系列有特点的行为、态度、兴趣、动机，以及对世界的感情。人格包括人们如何同其他人进行社会交往，而且大家认为人格在一生中是相对稳定的。心理学家在努力寻找辨别和测量人格差异的方式，这背后的动机之一就是为了能够预测人们未来的行为，以便预先考虑、调整或控制人们的这些行为。然而，测量人格也和测量智力一样有着类似的固有的困难，因为和智力一样，人格不能直接测量——人格只能从所谓的反映人格的行为中推断出来。

心理学家提出了关于人格的几种理论，表7.1对主要的研究取向做了小结。

表7.1中的每一种取向都反映了一种综合的理论，在此不可能详细讨论。我们将会强调其中某些主要的不同之处，并拿艾森克(1965)的人格理论当例子来讨论，他的理论结合了类型研究和特质研究的成分。

在把行为看作是由人决定还是由人所在的情境决定这一点上，不同的人格理论有不同的看法，而我们往往过高估计了人格在解释别人行为时的重要性(**基本归因误差**——见第九章)。然而，情境取向和行为主义取向认为，行为中的所有变量都由情境因素决定或由强化的方式调节。这未免言过其实了。如果真是这样，别人和我们在相同的情境中就不会做出不同的反应了。

表7.1

取向	关于人格的观点
类型的	人们被归入大的类型之中，每种类型的特性与别的类型不同，比如类型A或类型B，性格内向或性格外向。
特质的	一种描述性的方法。特质分为若干项，根据每一项的特征大小来区分人群，比如高度自觉、低度内向性等。
行为主义的	只把人格看作是人的学习历史的反映——它们只是重复了过去曾得到过的强化的反应。
认知的	认为信仰、思想和心理过程，在决定不同情境中的行为时是最重要的。
心理动力的	基于弗洛伊德的著作，认为人格是由内在精神结构(如本我、自我、超我)和源自童年早期的潜意识动机或冲突决定的。
个体的	强调更高的人类动机，把人格看作是个体的完整经历。
情境的	认为人格不是始终如一的，而只是对情境的一个反应。我们通过强化，学会以适合情境的方式行动。
相互影响的	把情境取向和特质取向相结合，认为人们倾向于以某些方式行动，但是又应不同情境的要求而做出调整。

研究人格的各种取向，在把人当做**类型**或当做多少具有某些**特质**的个体这一点上也有不同。类型理论往往强调个体的类似之处，而特质理论则强调个体差异及他们固有的与众不同之处。艾森克的方法则把两者结合了起来：他用复杂的统计技巧来分析，并把很多人表现出来的几百个特质加以分类(如乐观的、爱寻衅的、懒惰的)。开始他以二维的方式提出了两组分类：内向性—外向性和稳定—神经质，后来，他又增加了第三维——智力—精神质，这一维同前两维并无牵连。每一维中都有许多特质。一个人的某一特质若比较明显，那么，这一维的其他特质也会比较明显——于是就勾画出了一个类型。图15描述了艾森克的人格理论。

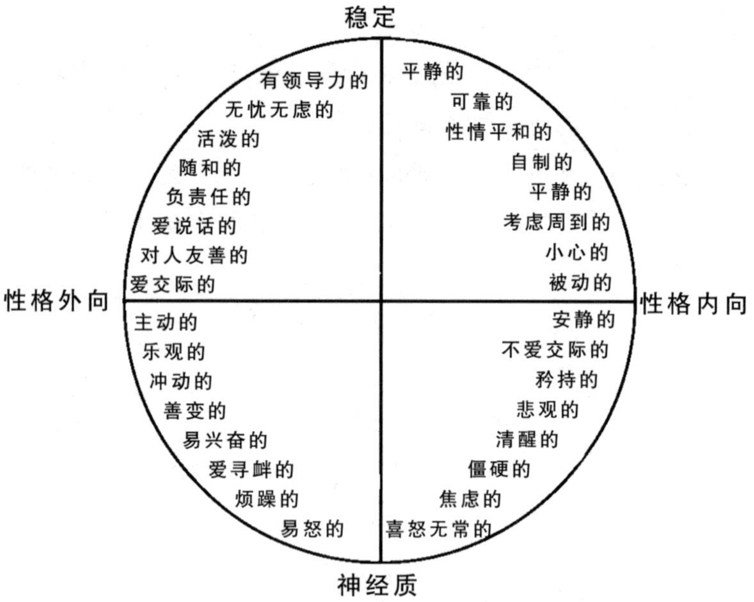

图 15 艾森克的人格类型

在内向性—外向性和神经质—稳定这个二维平面图中，大多数人都在中间的某个位置，但在神经质维度的得分上，大多数人都在较低的位置。艾森克给他的理论提出了一个生理基础，他认为这些人格取向同大脑功能的生理差异有关。例如，他提出性格外向的人具有较低的**大脑皮层觉醒度**（脑的活动水平，被认为是负责调节觉醒水平的），所以他们比性格内向的人追求更多的刺激与兴奋。相反，性格内向的人被认为在社交方面比较顺从、对强化比较敏感、具有较低的感觉阈，所以很容易感到痛苦。然而，不同人格类型的生理差异是有限的，我们已经提出了一种心理测验来测量艾森克理论的维度，它使用以下这类问题来找出性格外向的人："你是不是很喜欢和人交谈，以至于从不放过和陌生人交谈的机会？"和"你能不能轻松地给令人生厌的晚会注入活力？"同样的，在回答下面的问题时说"是"的人，就被认为是较为神经质的："你是不是经常为做了不该做的事或说了不该说的话而担忧？"和"你是不是被自卑感所困扰？"

心理测验有什么用处？

在改进人格和智力测验背后，一个主要的动机就是要预测行为。然而，有证据说明：人格和智力可能并不像心理测验这个概念一样固定；某些人格特质相对稳定，特别是在青春期之后和成年期开始之时，但在一个给定的情境中，这种人格特质到底能不能预测个体的实际行为，目前还没有定论。这种**一致性矛盾**反映了这样一个事实，即我们倾向于把别人看成是相对始终如一的(如"约翰是对人友善的")，但是某些研究发现这些特质并不总是能很好地预测出一个人在给定的情境中的实际行为。通过检验一系列情境中的行为，我们发现，在总的水平上人格特质可以较好地预测行为(就是说，约翰在大多数情境中是对人友善的)。同样,我们可以说,如果我们重复地抛钱币,正反面出现的次数一样多,但我们还是不能预测下一次抛钱币的结果是正面还是反面。在这样的情况下,行为是受许多变量影响的,不仅是外部的变量,而且还有内部的变量,如心情和疲劳感等。

人们对智商是否能预测行为也有不少兴趣。一方面,智商和智力行为的某些方面(如工作表现)是有关系的,但是,这种关系又不算很强,而且在大多数行业里,人的智商差异都很大。事实上,有些研究认为,社会经济背景比智商更能准确地预测出未来的学术成就和职业成就。一项长期的研究发现,有些高智商儿童长大后十分成功,有些则平平无奇。这两组人之间在智商上并无差别,但是这两组人的动机却有很大差别:成功的人有更强的上进心,会努力去争取成功。

尽管心理学家在量化和测量人们的差异方面已取得了意义深远的进步,但是在运用这类信息时,还是要小心为妙。在理解一次测验成绩的时候,特别重要的是要记住很多因素可能对成绩发生了影响,包括遗传的潜能、经验、动机以及测验时的条件。因此,不应该用分数,如一次智商测验的分数,来界定一个人能力的极限;而应该把分数看成是显示了当前的水平,或所处的大致范围。与心理测验有关的其他危险还来自对某些分数的价值判断——例如,认为分数高就好,那么,得高分的人就"高人一等"。若走到极端,这种论点还可能因社会和政治目的而被用来支持优生学及不鼓励低智商的人生育后代。但是,一般来说,多知道一点怎么从智力和人格的角度来测量人们之间的不同之处,有助于我们更多地理解许多起作用的变量、变化的潜力及其同成就之间的关系。

第八章

在出问题时,发生了什么?变态心理学

前一章关注的是典型的人类行为,其个体差异也在正常的范围之内。与此相对,变态心理学关注的是非典型的行为,即精神障碍和精神残疾。尽管有这个不同,从常态行为研究中得来的信息还是能帮助我们理解变态行为。只有理解了正常功能的工作过程(如认知、感知、记忆、情绪、学习、人格、发展和社会关系),我们才能开始理解当它们出问题时发生了什么事情。这一章将关注我们怎么给“变态”行为下定义,怎么给它分类,以及怎么试图去理解它。

什么是“变态”行为?

辨别变态行为的极端形式并不难,但是常态与非常态之间的界线却不是那么清楚。例如,因亲人去世而感到悲伤是正常的。但是悲伤到何种程度,悲伤多长时间,却是个问题。正常的悲伤在何时结束?反常的悲伤或病态的抑郁在何时开始?把你得到的每一张收据都保存起来,保存到家里几乎没有地方可放,这被认为是反常的;那么,为了“以防万一”而把大多数收据保存一两年,算不算反常呢?我们大多数人认为,有点非理性的恐惧是正常的,比如害怕蜘蛛或害怕当众演讲,但如果恐惧严重到使你不能工作、不能享受生活，这还能算是正常吗？另外，在一种情境下是正常的行为，到另一种情境下可能就会被认为是反常的：在有些宗教里，临时被“上帝”或鬼魂附身并以他们的口气说话，都算是正常的，但是，在其他情况下就会被看作是严重精神病的征兆。同样，历史和文化的因素也会影响关于什么是正常的看法，这一点从人们性观念的改变(如对同性恋的看法)就可以看出来。

定义变态行为有几种不同的方法。变态行为的**心理学定义**强调行为的当前效用——如果这个行为造成了极大的痛苦，妨碍你达到重要目标或妨碍你建立有意义的关系，那么，这个行为就被看作是反常的，是需要治疗的。对于那些深陷困境、无法自拔的人，使用这个定义就会有困难，例如非常抑郁、把自杀当成解脱的人，或产生了幻觉（以为上帝在警告他们说他们的邻居其实是魔鬼）的人。同样，仅依据行为是否造成大的痛苦来确定行为算不算反常，这其中也有问题——行为可能完全正常，反常的可能仅仅是痛苦的程度。

变态行为的**医学定义**把变态行为看成是一种基础疾病的症状，疾病的原因可能已知也可能未知。这也就是说，行为如果是由精神疾病(如精神分裂症、抑郁、焦虑)引起的，就会被视为反常。通过对疾病的准确诊断来确定适当的治疗(通常是药物治疗)，这是我们要强调的。然而，对有效治疗缺乏一致看法或缺乏证据，则意味着即便做出了正确的诊断，仍可能没有显著疗效。这种医学模式因为忽视病人环境的影响及削弱个人的责任感而受到了批评。如果人们的症状还不够多，还不足以证实已经得了某种疾病，只是有一两种症状，如多疑、不合群，但程度却相当严重，那么，这种医学模式又会遇到问题。从理论上说他们还没得这种病,但他们的行为看上去却已经相当反常了。

变态也用**统计规范和社会规范**来加以界定——在统计上不常见的即被视为反常。这个方法已被用在了研究残疾(精神残疾)上:如果某个人的智商在最低的百分之二点五的范围内,那么他就算是有学习残疾的。然而,这种统计方法的问题之一是许多统计上不常见的行为和特性又不被视为变态,比如智商在最高的百分之二点五的范围内!另外,有些功能不健全的行为(如抑郁或焦虑)太常见了,从统计角度看,它们又算是正常了;还有,在一种情况下是正常的,到另一种情况下就不是了:亲人丧生有点抑郁是正常的反应,但赢了彩票还抑郁,那就是变态了。同样,不符合社会环境中典型的行为可能就会被视为变态。尽管这种方法考虑到了人的环境,但是它是顺从主流社会和道德态度的。比如,维多利亚时代的英国人可能因在公众场合接吻而被送进医院,或者更近一些的,有些政府把怀有政治异见看作是变态行为。

存在主义取向把变态行为看成是对反常世界的不可避免的反应。所谓世界,可能指最接近某人的世界,即家庭,也可能指社会意义上的世界。变态行为可能是对相互矛盾的要求(一边受到残酷的对待和侮辱,但一边要表示尊重和友爱)的一种反应。这也解释了这样一个事实:虽然人们的变态行为给周围的人带来了问题,但对他们自己而言倒未必是多大的问题。某人认为自己是重要的或知名的人士可以给本人带来无比的振奋,但却给其他人造成了麻烦。

一般化的取向或**以健康为基础的**取向试图先列举出常态行为或健康的心理机能,然后把与其相对的界定为变态行为。一般认为,心理健康与许多特性相关,如对现实(既指本人的能力也指外部世界)的准确感知,某种程度上的自觉及对自己的感情和动机的了解,实行自我控制的能力和自信,自我价值感和自我接受感,能建立亲近的、令人满意的又不妨碍他人的关系,并在自己的环境中颇有能力。

给变态行为下定义的方法中，没有一种是完全令人满意的,把各种定义综合起来恐怕会更好一些。有一种方法把社会福利和心理健康综合起来,认为下列特性中的任何一个都不能够或不足以描述变态行为,但是,下列特性却有助于指出什么是变态:

> 非理性和不能理解,不可预测和失去控制,个人的和社会的不适应性,受苦,不合常规,违反道德标准和理想标准,令其他看到该行为的人感到痛苦。

这种方法的优点是比较灵活,但也隐含着缺点(它容忍了更大程度上的主观性)。心理学家已经认识到,给变态行为下定义之所以很困难,部分是因为变态行为反映了在早期环境中的纯粹适应性反应。例如,孩子知道为了躲避惩罚或批评就得不出声,在那种情形下,这样做是有作用的。然而,如果这种沉默寡言一直持续到成年期，那么这种行为就不会起正面的作用了,它会阻碍同别人建立关系。

给变态分类

有人试图把许多不同形式的变态行为归类,这既有优点又有缺点。一个潜在的优点是:如果不同类型的变态行为有着不同的诱因,那么我们把有某类变态行为的人放在一起,并且寻找他们在行为或历史上的其他类似之处，就可以更深入地理解他们。如果研究了许多得过恐慌症的人，就会发现他们思维方式上的类似之处——得过恐慌症的人都把身体上的感觉理解为即将来临的灾难的征兆。得过恐慌症的人更可能把胸部紧缩的感觉(焦虑的一种普通症状)理解为心脏病或窒息的征兆。现在有证据表明，把这些身体感觉理解为灾难的征兆，是诱发恐慌症的主要原因。

给不同类型的变态行为分类、贴标签，形成**诊断**(即医学上表示障碍的名称，例如贪食症、社交恐怖症等)，就能起到医学上的速记作用，因为诊断能简捷地传达大量的信息。例如，我们知道患社交恐怖症的人过分担心他们做的事或说的话会令他们在别人面前感到尴尬或羞辱，因此他们会试图避开某些社交场合或交往；创造了社交恐怖症这一名称以后，我们就可以从这种病的治疗过程中获得信息，比如什么类型的治疗可能有效。但是使用诊断标签时要注意避免刻板印象，这是因为，人们一旦被贴上了“恐怖症”的标签，就会被看成与其他恐怖症患者一模一样，而他们自己的重要症状和他们个人对该症的反应却被忽视了。我们往往会给人而不是给疾病贴标签，比如不说“他患精神分裂症”而说“他是精神分裂的”。这样做可能不够人性化，就好像所有患精神分裂症的人都有完全一样的人格似的。

不管是在研究中还是在临床实践中，许多心理健康专家都使用标准的方法来给病人的行为分类，这样，在不同地方或不同背景下工作的人都能知道他们指的是同一种行为。目前，最常用的分类系统就是美国精神病协会编的《精神障碍诊断与统计手册》第四版，简称DSM-IV。表8.1中列出了该书中提到的一些变态行为。

表8.1 变态行为的不同类型

类别	具体的例子
精神分裂及其他精神障碍	一组以精神病症状为特点的障碍——如在幻觉或妄想中与现实脱离、思想和知觉的明显失调、行为古怪等。
焦虑障碍	主要症状是焦虑，要么是对某种特殊刺激的反应，如恐怖症；要么是扩散性的焦虑，如一般化的焦虑。这类障碍往往会引起恐慌症的发作，即一系列焦虑症状的突然紧急发作。
心境障碍	偏离正常心境，从极度抑郁到异常得意(躁狂症)，或在两者之间交替(躁狂抑郁症)。
躯体化障碍	身体上的症状，如疼痛或麻痹，但又找不到身体上的原因，似乎是心理因素在起作用。比如，儿子一参军，母亲的右胳膊便不能动了，但儿子休假回到家里，她的胳膊就又好了。在这个类别中还有疑病症，也就是对健康的过度担心以及疑病妄想，病人常常会有错误的信念，认为自己得了致命的疾病。
分裂性障碍	这类障碍使通常完整的功能(如意识功能、记忆功能、识别功能或知觉功能)因情绪原因而分裂。在这个类别中还包括多种人格障碍和遗忘症，例如忘记曾受过创伤。

性和性别认同障碍	不仅包括性别偏好的问题，如对儿童有性欲上的兴趣(**恋童癖**)、对物品有性欲上的兴趣(**恋物癖**)，还包括性别认同上的问题，如**易性癖**(认为自己陷入了一个异性的身体里)和性功能不全(如阳痿)。
进食障碍	以进食行为的严重紊乱为特点的失常，如神经性的厌食和贪食。
睡眠障碍	睡眠的总量、质量或时段不正常(如失眠)，或在睡眠时有变态行为或生理现象发生(如梦魇、夜惊、梦游等)。
冲动控制障碍	不能抵抗冲动、驱力或诱惑，如**偷窃癖**(不为个人获取什么，只受冲动支配的盗窃行为)和**拔毛癖**(为快乐或为舒缓紧张情绪而习惯性地拔下自己的毛发)。
人格障碍	内心体验和行为的持久模式，它们是持续而固定的，会引起痛苦或损伤，而且不符合社会规范。例如，**自恋型人格障碍**就和夸大妄想相关，有此障碍的人需要赞赏但却缺乏同情心；**强迫型人格障碍**的特点是过分追求整齐有序、尽善尽美和控制。
药物性精神障碍	对酒精和毒品的过分摄入或依赖。
假性障碍	故意搞出或装出身体上的或生理上的症状，为的是假装成“生病的人”或为了得到别的好处，如金钱上的好处或减少责任。

根据DSM-IV，为了达到诊断的标准，患者的症状必须持续相当长一段时间，所列的具体症状必须引起他们很大的痛苦或

功能上的不健全。因此，不存在“要么都是要么都不是”的定义。未经培训的人第一次读那张表时，会怀疑他们有了其中的每一种障碍，这是一点也不奇怪的。

解释变态行为

历史上变态行为曾被归咎于许多原因：从饮食不足到月亮的盈亏或恶鬼缠身等。最近，研究人员用科学的方法(如细心观察和假设检验)提出了几种不同的理论来解释变态行为。毫不奇怪，这些解释同表7.1中所列的有关人格的不同观点很有关联。对变态行为的各种解释的不同之处很多，有的关注过去，有的关注现在；有的基于心理学理论，有的基于医学模式。各种解释对医生和病人的意见的重视程度不同，提倡的治疗方法也不一样。

在精神病学中，使用**医学模式**是很常见的。医学模式认为，变态行为是由身体或精神的疾病造成的，而这些疾病又是由大脑或身体的生理功能不全或身体功能不全造成的，有些功能不全可能是由遗传引起的。在解释变态行为时，医学模式的早期成功就在于发现了**轻瘫**(这是使人虚弱的痴呆，在20世纪初很常见)是梅毒感染的长期结果。在医学模式中，治疗的主要任务就是做出正确的诊断和进行恰当的治疗——例如，像药物(如兴奋剂或有抗精神病作用的药物)疗法那样的身体疗法、精神外科学(用外科技术毁掉或切断大脑的某些部分)，以及电击疗法。药物疗法的最新进步意味着它不再有以前那种令人衰弱的副作用。这些新的药物疗法对许多人都有疗效，不过，还没有出现对每个人都有效的、完全没有副作用的药物。在药物疗法被发现之前，精神外科学和电击疗法的使用很普遍，而相对任意的使用又败坏了它们的名声。在当代精神病学中,电击疗法和精神外科学疗法的应用则更具针对性,比起以往要好得多。在利用其他疗法治疗慢性疼痛、抑郁或强迫症失败时,才会使用精神外科学疗法,但此时它的精确度会高得多。同样,电击疗法被用来引起痉挛,而这些痉挛会影响大脑里化学物质的平衡。尽管电击疗法的使用被说成是野蛮的和非人道的,但是,使用肌肉松弛剂和麻醉剂则可以尽量减少病人的不舒适感,而且研究表明,这种疗法在减轻一些病人的抑郁方面可能是有效的,这些病人对任何其他疗法均无反应而且可能有自杀的危险。

心理动力取向最早基于西格蒙德·弗洛伊德的著作,现在又被许多人扩展了。简而言之,这种取向认为变态行为来自本能性驱力之间的冲突,这些冲突会导致焦虑。**防御机制**是用来处理焦虑的,它们可以用来避免或减轻焦虑,并保护人的自我。治疗常常着眼于病人的早期生活经历,在治疗师的帮助下,治疗能揭示病人的潜意识动机,并解决原始的冲突。使用这种方法的治疗师研究出一些治疗技术(如**自由联想**,即鼓励病人说出任何进入病人头脑里的东西)让治疗师来解释这些联想。治疗师把他们对病人痛苦及痛苦的征兆(如病人的梦、病人对治疗师的感情[移情])的解释,都建立在心理动力理论及行为模式之上。

与心理动力取向相反,人本主义的心理疗法着眼于现在,而且认为只有病人本人才能理解他们的问题。人本主义取向认为,人的自我感觉在促进人的成长和幸福安乐方面是十分重要的。不开心的事情和消极的人际关系可能使人自视过低、讨厌自己,治疗的目的是为了鼓励自尊和自我接受。治疗是一个增强能力的过程,在这个过程中,治疗师使病人能在"无条件积极关注"(治疗师不但不会批评病人,还会给他们温暖和同情)

的气氛中揭示出他们的问题。

理解变态的第二种取向也着眼于现在，它包括行为取向和最近的认知行为取向。开始，行为取向认为治疗变态行为不需要理解变态行为的根源——心理学上的症状被看作是学来的不良的适应行为，既然是学来的，那么也就可以设法抛弃。这种过激的行为取向仅仅着眼于可观察到的行为。内部事件和意义以及病人的历史大都被忽略了。例如，治疗的技巧包括用**系统脱敏**[①]来重新训练病人，教病人放松的技巧并用这些技巧来减轻他们面对一系列越来越可怕的情境时的焦虑。这种办法使得原来同焦虑联系在一起的情境后来就同放松联系在了一起，病人就不会再对它们感到害怕了。现在行为取向经常和认知取向结合在一起。

认知行为取向着眼于病人的可观察到的行为，也着眼于他们自身对情境的解释(认知)。这种方法同时考虑到了过去和现在的行为样式，还利用了认知心理学实验研究的结果。在行为方法中加上认知的成分后，既增加了行为疗法的效能又增加了对行为疗法的配合。例如，有一位旷野恐怖症患者，我们叫她莎拉。她根本不能考虑任何有关**暴露**(即面对害怕的刺激——在这里，也就是指走到室外去)的治疗。治疗师运用认知技法发现，莎拉认为她一旦走出去，就会被焦虑压倒，会心跳过速而引起心脏病的发作。治疗师帮助莎拉重新考虑她的症状，用医学证据指出，莎拉的症状不太可能是由于心脏不好而引起的。莎拉犯病时再次给她检查，看到底发生了什么。检查结果说明心跳过速是焦虑的症状而不是心脏病的症状。莎拉受这个结果的

① 让病人在身体放松时逐渐靠近刺激物，直至病人的焦虑反应完全消失为止。——编注

“别管我！我是行为治疗师。我在帮助病人治疗恐高症。”

图 16

鼓舞，开始接受一项暴露计划。在后来的治疗中，治疗师进行了一项**行为实验**来测试焦虑引发的心跳过速是否会导致心脏病的发作。治疗师让莎拉在心跳过速时，做一切可能会导致心脏病发作的事情(如待在很热的房间里或做剧烈的操练)。这并没导致心脏病发作，这下莎拉才最终相信，她的心跳过速是由焦虑引起的，不会造成永久性的伤害。

很明显，区分变态行为和常态行为并不是那么直截了当的：认为某事反常是带点儿主观色彩的，会受到环境、当前的价值和标准，以及常态行为和变态行为的概念的影响。理解正常人格和常态行为的不同方式也会影响对变态行为的理解与看法。造成变态行为的因素有很多，包括遗传、早期经历、学习的历史、大脑中的生化变化、潜意识的冲突、最近带来巨大压力或外伤的事件以及思维的风格。把变态行为分为不同类型的系统已经建立了，这些系统可以帮助沟通和理解，但是这些系统的效度仍常常受到质疑。

图 17

图中文字意为：(左上)“问题到底出在哪里？又是从什么时候开始的呢？”(左下)弗洛伊德学说的信奉者 (右上)“我们开着蹓一圈，看看到底是怎么回事。”(右下)行为主义治疗师

尽管存在着这些困难，变态心理学家还是对变态行为有了一些理解，也知道了该怎么帮助有困难的人。这些治疗方法有助于改善痛苦的症状，但它们并没有向我们传授幸福的秘诀，而只是致力于帮助人恢复到“正常的”状态而已。在考虑哪一种疗法最好的时候，必须记住，要精确地比较不同取向的效能是很困难的，尤其是有些取向又不那么经得起检测。该怎么测量潜意识冲突或自我实现的程度呢?最明显的有效疗法是基于可检测的理论之上的，而且它们已经经过了一切科学方法(独立评估、用来检验假说的实验、多种标准化的测量、重复多次的测量以及恰当的用作比较的分组)的评估。现在，已有证据说明无论是药物治疗还是心理治疗，对改善痛苦症状都有效，而像认知行为疗法那样的心理治疗在**复发率**(治疗之后恶化或复发的病人的比率)方面比药物治疗更低。

变态心理学之所以能有如此发展，部分原因是心理学其他领域的进步。我们已经理解了：知觉和注意是如何受心境影响的(感到害怕如何使人总警惕着危险或**过度警惕**)，人是如何在没有意识到的情况下察觉信号的，为什么会莫名地感到痛苦，记忆怎么可能会既准确又不准确，抵抗同辈群体的压力会多么困难。因此，变态心理学的进一步发展，不论是朝改善治疗的方向发展，还是朝阻止问题发生的方向发展，都不会孤立地发生。要将这些发展应用到研究或治疗当中，就需要采取同样严格的科学标准和伦理标准。变态心理学家试图保证：他们的理论和实践建立在稳固的基础之上，他们应用变态心理学时采用的方法不带明显的偏见和强制，不有意培植依赖性或制造其他的问题。为此，变态心理学治疗应用中的伦理标准已经制定出来了，该标准将根据科学和文化的发展不断做出修改。

第九章

我们如何相互影响?社会心理学

前面几章主要讨论的是个体。但是,只有在本质上把人类行为当做社会行为(直接或间接受他人行为的影响)来考虑,才能正确地理解人类的行为。同样,他人在场通常也会影响我们的行为:有些事你一人在家里可能会做,但在公众场合你是决不会去做的。心理学家把这种由他人在场所造成的行为的变化过程称为**社会助长**。社会助长的一个明显形式就是竞争。一般来说,人们如果相信他们是在和某人竞争——即便没有奖,他们的表现也会更好。看来关键因素是他人在场,而不是竞争的气氛。即便在要求人们不要竞争的情况下,若看到有别人在工作(**共作效应**)或别人在看自己工作(**观众效应**),人们工作的速度就会加快一些。

实验表明,只要告诉参与者别人在别的地方也正在完成同样的任务,就能产生社会助长。因此,如果你打电话给同学,发现他们都在努力复习功课,那么你自己复习迎考的动机就会得到增强。社会助长是否能提高表现水平取决于任务的性质。如果任务挺简单又是学过的,那么表现就会得到改进;如果任务复杂、新颖,或很困难,那么表现就可能不好。社会助长在动物中也存在——就是蟑螂在被同类观看的情况下,跑得也会更快一些。

更直接的社会影响就不仅包括他人的在场，还包括和他人互相影响及做出努力试图改变他人的行为。这可能发生在：一个人企图影响作为整体的一组人时(**领导**)，群体的几个成员鼓励别人采取某个具体态度时(**从众**)，某权威人士企图叫某人满足他的要求时(**服从**)，或某一群体的态度影响他们对另一群体采取的行为时(**偏见**)。本章将集中讨论这四个问题，并由此来进一步讨论社会心理学。

天生的领袖?

起初大家认为领导是一种特质，有的人有这种特质，另外一些人则没有。因此才会有“他是天生的领袖”这类评语。很多特点，如身高、体重、智力、自信及吸引人的外貌，都被认为同领导气质有关，至少在男人中是如此。说到智力，几项研究说明，典型的领袖在智力上只比群体成员的平均水平略高一点而已，而一般说来，心理学家又不能找出许多特性来区别领袖和非领袖。这就解释了为什么我们能把不特别吸引人的人想象成领袖人物。

因为具体的领导特质不好展示，心理学家又探索了其他的可能性。首先，我们已经看到，领导风格可以影响群体成员的行为和生产率。一般来说，民主的风格会通过群体成员之间良好的人际关系来提高生产率。独裁的风格更专制、更具指令性，它使群体成员没有多少决策权，虽说生产率也差不多(条件是领袖在场)，但是会使得群体成员之间人际关系较差、合作较少。放任自流的领导让群体各行其是，结果，其生产率比民主的或独裁的领导取向下的生产率都低。这些研究结果已经影响了许多机构管理策略的发展，鼓励机构脱离专制的管理模式而朝更民主的方向发展,使工人在机构管理中有一定的发言权。

心理学家对领导的环境因素也进行了调查,认为领导的作用主要取决于群体需要一个领袖来完成的那些功能。因此,领袖的人格素质或领导风格应该同环境的要求相匹配,这才是关键所在。有一些证据支持这个看法。例如,在群体条件既不是最好也不是最坏时,注重协调关系的领导就对群体比较有益。相反,当群体的条件较极端(要么极端有利,要么极端不利)时,爱发号施令的、控制型的、注重分派任务的领导反而能产生更大的效益。这也许可以解释为什么在国家经受极端困难时,独裁的领袖较易受到欢迎。例如,在希特勒受到欢迎时,德国正为偿还第一次世界大战失利的赔款而艰苦挣扎。

为了找出环境对领导的更多影响,有些研究人员研究了随便挑一个人放到中心位置上的结果。实验表明,如果群体成员被迫只同一个中心人物沟通,那么这个人就开始发挥领袖的作用了。和占据外围位置的人相比,中心位置的人发出的信息更多,解决问题更快、犯的错误更少,对他们本人和群体的努力也更为满意。放在领导岗位上的人往往会接受挑战,举止行为像个领袖,也被其他人看成是领袖。这也许可以解释为什么天生不像领袖的人也可以到达这个位置:"有的人生来就伟大,有些人凭借努力建立丰功伟绩,有的伟人是时势造就的"(《第十二夜》,第二幕)。因此,好领袖的素质是根据环境和群体成员面临问题的性质而变化的。

从众

理解领导有助于解释个体对群体的作用,可是群体对个体的作用比想象中的更复杂。你可能曾处在群体中,而自己的意见却与大多数人的不同。在这类情形下,你可能会改变自己的观点去顺从群体——尤其是当你对自己的观点没把握,或你有理由相信大多数人有更可靠的信息来源时。然而,要是你肯定自己是正确的而群体是不正确的,那么你该怎么办?你会屈服于群体的压力而顺从群体吗?感到来自个人或群体的压力而改变自己的行为或态度,这叫作**从众**。你可能已经留意到,假如好几个人已经对同一个问题给出同样的答案,那么最后那个人不大可能会不同意。因此,陪审团因为意见分歧而不能做出决定是非常罕见的。心理学家通过实验研究从众。在受试者已经听到好几个人对同一个简单的问题给出同样的错误答案之后,问他这个问题。在这一实验中,很重要的一点是,真正的受试者相信其他人都回答得很诚实。结果显示,百分之三十的情形下人们都会从众,也就是给出同样的错误答案。

为什么人们要这样做?人们因群体压力而改变自己的观点或行为,似乎有几个原因。一些在实验中从众的人承认自己知道给出的答案是错的,但因为不想和别人不一样,或害怕别人笑话他,或担心如果他们不从众,就会使实验中断,所以还是给出了不对的答案。另外一些人好像已经把群体的观点内化了,于是他们意识不到自己已经受到别人的影响。当任务艰巨的时候或者当其他人被认为更具能力时,这种类型的从众(没有意识到自己已经受到了别人的影响)更为常见。例如,你关于下次选举日期的看法,较易受到政治家的影响,而不易受到售货员的影响,即便你听到政治家和售货员都说选举将在4月举行。

服从

当一个人屈服于群体的压力时,就表现出从众。权威人物

A

B

C

图 18 抵制大多数人的观点

A. 除左起第六人以外的所有人之前结成了同盟，他们在十八次实验中的十二次里都一致给出了错误的答案。六号被告知他正在参与一项有关视觉判断的实验。他在给出正确答案时，发现只有自己一人持异见。

B. 受试者屡次持异见，表现出了紧张的情绪。他俯身向前。焦急地看牌。

C. 异乎寻常地，这个受试者坚持了自己的观点，他说“他得看见什么说什么”。

也能造成类似的效果，而满足权威人物的要求就叫作**服从**。战争暴行（如第二次世界大战时期的大屠杀或美国军队在越南美来村对平民的屠杀）使得心理学家开始对服从进行科学的调查。这些战争结束后，人们发现，许多平常看上去也是文明人的战士同样犯下了滔天大罪。当问到这些战士为什么要做这些事情的时候，最常见的辩护就是："我只是服从命令而已。"因此，心理学家开始对这个问题感兴趣：若仅仅因为别人叫他这么去做的话，一个普通人究竟能做出怎样的事情呢？图19和专栏9.1描述了一个调查公众服从的实验。

专栏9.1 服从的极端

通过报纸招聘的公众成员参加了"一项记忆的研究"。受试者被告知他们将扮演"教师"，并要把一系列成对的词组教给"学生"。教师被告知他们该怎么按动操纵杆来给犯错误的学生施以电击。教师看见学生被绑在电椅上，有一个电极放在手腕处。教师接受了一次四十五伏特的电击，于是他们相信发电机运转正常。然后，教师坐在发电机前的座位上，面前有三十个开关，分别表示从"十五伏特——轻微电击"到"四百五十伏特——危险：剧烈电击"的不同强度的电击。教师被告知，学生每犯错一次，电击的强度要提高一级。实验者自始至终待在房间里面。实际上，那位学生是个演员，他根本就没有受到电击，不过他曾受过培训，会装出受到电击后的反应，而且会犯许多错误。当电击变得厉害起来时，那个演员就开始大喊大叫和大声诅咒。到将使用标明"极端严重的电击"的时候，那个演员就安静下来，再也不回答问题了。毫不奇怪，此时很多受试者表示反对并要求停止实验，但实验者指示他们继续下去。令人震惊的是百分之六十五的受试者都坚持到了最高的电击强度(四百五十伏特)，而且在三百伏特(也就是演员开始踢旁边的墙的时候)之前都没有停止过。实验结果说明，普通人可以做出很可怕的事情，如果处在权威位置上的某人命令他们这么做的话。

米尔格兰姆，1974年

是什么造成了这样的服从？一种看法是，对权威的服从在社会生活中是十分重要的，可能在进化的过程中服从就已经被植入了我们的遗传构造。事实上，文明生活的许多方面，如在法律、军队、学校等系统中，都需要人们服从权威人士的指示。但是，心理因素也可能影响服从。像礼貌待人这样的社会规范，可能会使受试者觉得难以拒绝继续完成实验，特别是在实验开始之后。拒绝继续完成实验意味着先前已经做的事情是错的，受试者可能会认为实验者很坏。为什么在战争中只有那么少的人不服从命令就变得比较容易理解了：和仅仅开罪某人相比，不服从受的惩罚要严重得多。实验者的在场也增加了服从的百分比：当指示用电话方式传达时，服从的百分比就从百分之六十五下降到了百分之二十一。另外，还有人作弊，给学生施以较弱的电击。因此，服从至少部分地依靠不断的监视。

还有两个因素对这些实验中的服从也有影响，这两个因素和战争中见到的服从也有关联。第一，如果能离受害者远一些，那么，人们就更容易加害别人。假如教师不得不把学生的手强按到电极板上来处罚学生所犯的错误，那么，比起教师不必看到或碰到学生的情况，服从的情形就会少得多。这种情况和现代战争类似。在现代战争中，杀人者不必见到被杀者受苦，只要

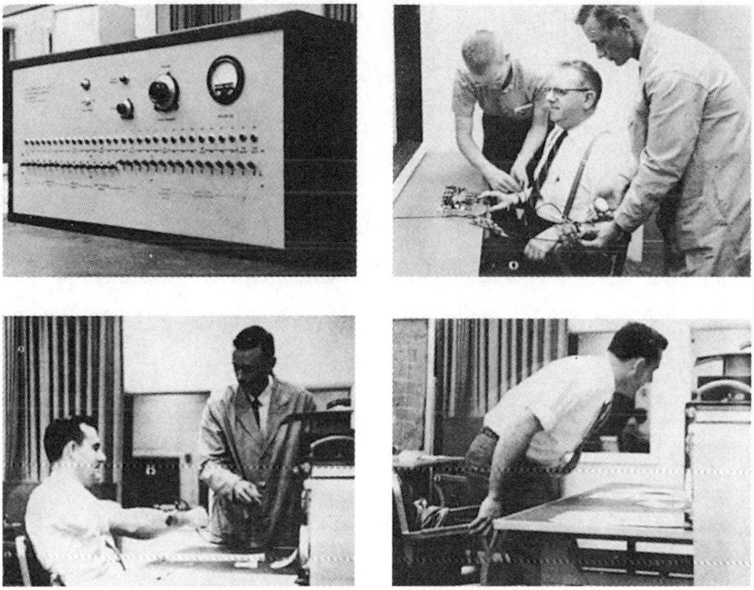

图 19 米尔格兰姆的实验

(左上)米尔格兰姆服从实验中用到的"电击设备"。(右上)受害人被绑在"电椅"上。(左下)一个受试者在"教学"前感受到了电击。(右下)这名受试者居然拒绝继续参加实验。

按一下按钮就行了。事实上,从心理学意义上说,用核武器杀一百万人比面对面杀一个人要容易些。第二,相信暴力只是实现有价值事业的手段,或**意识形态上的合理化**,也对服从有影响。在实验中,人们认为他们是在为科学研究做事情。当重复的实验与任何一所著名大学都无关的时候,肯服从指示的人就会减少了。同样,在战争中许多士兵理所当然地相信服从命令对他们的同胞最有利。对他们的培训宣扬了敌人的兽性,以此来培养对攻击性行动的积极态度。

实验前问到受试者时,大多数人都很坚决,说他们不会从众或服从施放电击的指示。但大多数人的确从众或服从了，这个事实说明我们并不善于预测自己的行为。我们认为我们会做的事情同我们实际所做的事情之间存在差距。这很好地说明了，我们倾向于过高估计人格因素的重要性，而过低估计环境影响的重要性(**基本归因误差**)。服从和从众不一定是可取的，但是它们肯定对内聚力有所贡献，正是这种内聚力使得我们可以生活在文明社会里。例如，没有服从就不可能实施法律，没有某种程度的从众就不可能有民主。

偏见

除了研究群体对个体的影响之外，社会心理学家还关注一个群体对另一个群体的影响。蓝眼珠—棕黄眼珠的实验(专栏9.2)说明了一个特定群体如何改变了一个人的行为。

专栏9.2　蓝眼珠好还是棕黄眼珠好？

学生听他们的老师讲，有棕黄眼珠的学生智力较高，是“更好”的人。老师给棕黄眼珠的孩子一些特权，比如坐在教室的前排。两组孩子的行为都变了：蓝眼珠的孩子出现自尊降低、心情抑郁的迹象，而且功课也做得差了，而棕黄眼珠的孩子则对他们的“低级同伴”吹毛求疵，咄咄逼人。几天之后，老师说她搞错了，蓝眼珠的孩子才是更优秀的，行为样式很快颠倒了，棕黄眼珠的孩子变得抑郁起来。当然，实验结束之后，要给孩子们解释一下这个研究。

阿伦森和奥舍罗，1980年

尽管上面的实验不是在自然条件下进行的，但是它却包含了偏见在现实世界里的许多含义。偏见是对某一群体(后又扩展到对该群体的每个成员)的、比较持久的(通常是负面的)看法。偏见往往与刻板印象相关。刻板印象就是根据一些现成的、可以鉴别的特点(如年龄、种族、性别、职业)把人们分类,然后据此认为某个群体的个体有某些特点,而这些特点就是那个群体成员的所谓典型特点。例如,有人对女性有偏见,认为女性既愚蠢又弱小,于是他把这种看法用到他见到的每个女性身上。与偏见相关的刻板印象可能有一点真实性(例如,平均而言,女性是比男性弱小),但它们常常过于笼统(有些女性就比有些男性强壮)、过于僵化(不是所有女性都愚蠢或者弱小),或不够准确(没有证据表明女性在智力上不如男性)。

在世界上不同的群体中展现出许多形式的偏见,社会心理学家对它们的基本心理因素进行了调查。人格因素和环境的影响似乎都对偏见的发展造成了影响。蓝眼珠—棕黄眼珠的实验说明,只要给一个群体特权而不给另一群体,就可能造成偏见。同样,把两个群体放到争夺同一种资源的竞争中去,偏见也很容易产生,如在"强盗的山洞"这个实验(专栏9.3)中所见到的那样。

专栏9.3　"强盗的山洞"实验

二十二个十一岁的男孩,在一个夏令营("强盗的山洞")里,参加了这次合作行为的研究。

第一阶段:男孩被分为两组,但分别都不知道还有另外一组。每组选定一个名字(响尾蛇或鹰),用印有小组名字的帽子和T恤衫作为小组的标志。每个小组分别参加合作的活动并制定一些小组行为的标准,如裸体游泳或不提想家的事。

第二阶段:引进竞争机制。两个小组互相都知道对方的存在,并且为在大型比赛中争夺奖项而竞争。一轮竞争失利之后，一组攻击另一组的争斗就又很快发展了起来。

第三阶段：通过合作的活动解决争斗。这些活动中有一些双方都想达到的但又必须通过合作才能达到的目标，如凑钱租小型公共汽车。这样做，最终既消除了对另外一组成员的偏见，也消除了对自己小组成员的偏见。

谢里夫、哈维、怀特和胡德，1961年

几个证据来源表明，对资源的竞争可能导致偏见。例如，据说在美国南方几州，因种族原因而发生的私刑处死的数量，在经济困难时就会增加，在繁荣年代就会减少。偏见也可能源于人们想要正面地看待自己的普通需求：人们总是从较正面的角度来看待自己所属的群体，而不是别的群体。这样，他们对自己的群体就形成了正面的偏见，对别的群体就形成了负面的偏见(**种族中心主义**)。还有人认为偏见是**迁怒**的一种形式，在这个形式中矛头指向的是替罪羊(通常是一个社会认可的或合法的目标)，因为不可能把矛头指向真正的目标——由于害怕造成的后果或由于真正的目标无法接近。

很清楚，环境的因素会影响偏见的发展。然而，几项研究已经发现，持偏见的人往往会有某些人格特点，如不够灵活和比较专制。人格特点和形成偏见的倾向之间的关系有助于解释为什么两个经历类似的人，可能会有不同程度的偏见。

心理学家利用他们关于偏见的心理因素的知识，来寻找减少偏见的方法。起初他们认为，增加接触、减少隔离或许会有帮助。缺乏同另一群体的直接接触会导致**我向性敌对**——忽视另一群体就理解不了对方行动的原因，也就没有机会发现对对方行为所做的负面理解是否正确。因此，要减少偏见，相对抗的双方就需要接触。然而,建立在不公平之上的接触(如男性老板雇请女秘书或女清洁工),可能会起到强化刻板印象的作用。另外,因为不公平和对稀缺资源的竞争只会助长偏见的形成,所以,为减少偏见而进行的接触应该建立在公平的基础之上并鼓励追求共同目标,而不是鼓励竞争。

我们已经讨论过社会助长、领导、从众、服从和偏见,并且也已经看到我们的思想、感情和行为是受别人影响的。从这些研究中能得出什么结论呢?这些结论有什么用处呢?对社会助长和领导的研究认为,某些工作条件可以提高工人的劳动生产率及满意度,这条信息对雇主很有用。对服从和从众的研究表明,我们比我们意识到的还要容易受到别人压力的影响,而这些研究,为理解我们对这类压力特别敏感的原因,提供了一个框架。更好地理解对服从和从众起作用的因素在两种情境下都有用,一是在需要从众和服从的情境下,比如在军队里;二是在坚持自己观点是十分重要的情境下。例如,现在美国有的州的陪审团只有六个人而不是十二个人,因为社会心理学家的研究显示,人数少一点的群体不大会产生过度的压力叫人从众。对偏见的心理学研究找出的一些基本因素,有助于制订更有效的计划来减少偏见,以减少不同群体之间的争斗。

这一章介绍了社会心理学家感兴趣的一些问题,以及他们用来研究这些问题的一些方法。社会心理学的许多引人入胜的领域还未谈到,如群体动力学、旁观者调停、群体行为、印象的形成,以及人际间的吸引。无论是研究反社会的行为(如足球赛场上的流氓行为)还是研究亲社会的行为(如利他主义的行动)都很有意思。社会心理学今后最主要的任务,就是对有助于预测、控制或调整(增加或减少)上述两类行为的诸多因素,进行更多的了解。

第十章

心理学有什么用?

心理学既是一门学术科目又有许多实际用途。偏重学术的心理学家可能会在钻研心理学的某一领域的同时也进行研究,去进一步了解“精神生活的科学”。他们的发现能帮助我们理解、解释、预测或调整在心理方面发生的情况。我们的心理就像一个控制中心,它控制着认知、情感及行为(我们所想、所感及所做的事情)。心理学家也可能建立理论和假说,在应用的背景中进行探索性的研究。因此,学术领域与专业领域的发展可以互相影响,并取得特别有价值的成果,只要它们相互间沟通得好。例如,基于实验室的研究表明,为了得到奖赏,动物也会完成相当复杂的任务或一系列任务;这项研究再加上方法类似的对于人类的研究,最终推动了**代币制酬赏**的发展。代币制酬赏的奏效靠的是用代币来奖赏你想要增多的行为,而代币可以换取“好东西”或特权。这种制度已经成功地用于罪犯的心理康复,它还可以帮助长期住院的人增强自理能力。反过来,专业心理学家观察到的东西也可能引起学术界的兴趣。例如,在医院工作的心理学家注意到,有些有幻听毛病的人,如果戴上耳塞,幻听就会少一些。这个观察结果推动了对听觉和幻听之间关系的有价值的研究。

专业心理学家在哪里工作?

心理学家对人类功能的各方面都可能会感兴趣，有时,他们对动物的功能也会感兴趣。因此,作为应用心理学家或专业心理学家,他们可能会在许多领域工作。临床心理学家或健康心理学家在卫生保健领域(如医院、诊所、医生办公室或其他社区环境)里工作。临床心理学家主要用心理技术来帮助人们克服困难和痛苦。他们的研究生训练包括提供疗法或顾问建议，评价心理干预和其他干预,用他们的研究技巧来发展出新的技巧,教导别人或指导别人,并对全面的计划、发展、服务管理做出贡献。健康心理学家偏重于关心病人体格健康的心理方面，用他们的知识来协助治疗或预防疾病和残废。例如,他们会设计关于艾滋病或节食的教育计划，找出同病人沟通的最好方法,帮助人们处理同健康有关的问题,如手术后的恢复或慢性病(如糖尿病)病人的生活。

专业心理学家也在卫生保健领域之外工作。例如,审判心理学家会与监狱、缓刑或警务打交道,用他们的技巧来协助破案、预测罪犯或嫌疑人的行为、帮助罪犯恢复心理健康。教育心理学家的特长是在学校工作的各方面,如观察学生学习和适应的决定因素或解决教育的问题。环境心理学家的兴趣是人同环境之间的相互作用,他们在以下领域里工作:城镇规划、人类工程学①和住房设计(为减少犯罪),运动心理学家则试图帮助运动员创造最好成绩、制订培训计划和减轻竞争压力。

企业和商业的许多领域也雇用专业心理学家。职业心理学家考虑劳动生活的各方面,包括挑选员工、培训员工、提高员工

---

① 指研究人和机器、环境的相互作用及其合理结合的一门科学。——译注

士气，进行人类工程学、管理问题、工作满意度、激励和病假方面的研究。他们常被公司聘请去提高员工的满意度和/或员工的表现。消费心理学家致力于研究市场问题，如广告、购物行为、市场调查、为变化的市场研制新产品等。

在中学和大学里学过一些心理学，但没有完成心理学专业培训的人，常发现他们的心理学知识无论是在个人生活还是在工作中都有用。知道一些关于我们的头脑是怎么工作的知识，知道对于这种工作的直觉或成见是否有道理(主要基于内省)，确实有很多优势。心理学家的发现和他们的发现方法，在一系列专业工作中都有潜在的用途，如教师、社会工作、警察、护士和医疗，为电视和电台节目做研究，政治顾问或分析，记者或写作，管理和人事，发展沟通方法和信息技术，训练动物和照看动物(照看动物的健康或它们要求的生存环境)等。心理学这门学科既教授了用途广泛的技巧，又培养了我们对于精神生活（思想、情感和行为）的科学思考。

心理学的运用与滥用

人们常常假设心理学家能做些什么事情——他们能从你的身体语言知道你在想什么，或者猜测你的心思。这类假设是可以理解的，但却并不正确。我们已经知道，心理学家可以研究思维的各方面：用奖赏来改变行为，给抑郁的人们一点劝告，比较准确地预测将来的行为。然而，他们并不能猜透人们的心思，也不能违背他人的意愿去操纵他人，他们也尚未给幸福画出蓝图。

心理学还可能会被误用，就像任何其他信息科学会被误用一样。有些误用的影响相对来说小一些，例如给难题(如怎么当个好家长等)提供肤浅的答案,但有的误用就根本不是小问题了,例如把具有某些政治观点的人当成是精神上有病的人。还有人指责心理学家说出的是“心理学上的胡言乱语”或伪科学的、充满难懂的行话术语的声明和劝告,提出的是一些据说还是基于稳妥的心理学原则的糟糕的计划。最近有越来越多的人开始以惊险活动来培训团队精神,一位心理学批评家批评这种情况时说:“心理学家过去是为表述显而易见的事实而召集会议的行家,现在终于把他们的注意力转向了20世纪末期企业施虐狂的最怪异的表现。”研究者们还“发现”,那些“在木筏制作上不能名列前茅的人,可能会灰溜溜地返回办公室,信心化为灰烬”。当然,这类课程数目增加的原因可能和金钱有关,跟心理决策可能倒没有多大关系。

像其他学科一样,心理学可能会被误解或误用,但这个事实并不减损它的价值。然而,心理学**的确**处于一个特殊的位置,因为它是这样一门学科:每人都有一些关于它的内部信息,每人都可以对它表达基于个人信息和主观经历的观点。举一个例子或许有助于解释这个问题。心理学家已经花了许多年时间来研究不同类型的不幸,现在,他们把注意力转向了更为积极的情绪,进行了一些调查来了解妇女在婚姻中的幸福感。一份关于美国妇女的有代表性的调查说,结婚五年以上的妇女中,有一半的人说她们“非常幸福”,或对她们的婚姻“完全满意”,百分之十的人在目前的婚姻期间有过婚外情。与此相反,根据希尔·海特的报告《妇女与爱情》,结婚五年以上的妇女中,百分之七十有婚外情,百分之九十五的人在情绪上受过她所爱的人的骚扰。和前面那份调查的结果不同,海特的发现在媒体上被广泛报道。她本人很看重这些结果,因为四千五百名妇女回应了她的调查。但她的工作有两个主要的问题。第一，接受调查的人中，只有不足百分之五的人做出了回应(因此，我们不了解另外那百分之九十五以上的人的意见)。第二，起先这份调查只接触了妇女组织里的妇女。因此，回应的人(妇女组织内的、愿意回应调查的妇女只占很小的百分比)在相关的妇女人口中并不具有代表性。这类报告存在一些问题，因为我们知道人们倾向于接受那些符合自己的预感或先入之见的信息，而且注意力很容易就会被惊人的、新颖的或令人忧虑的信息所吸引。

问题是心理学并不由预感和常识来引导。为了恰当地理解心理学上的发现，人们需要了解该怎样评估信息的状态和性质。心理学家能够参与如婚姻和幸福之类的讨论，而且也确实参与了这些讨论，他们还可以帮我们提出一些能用科学方法来回答的问题(不是“婚姻幸福吗?”而是“结婚五年以上的妇女对她们婚姻的幸福表达了些什么?”)。因此，心理学科学的、方法论的本质决定了心理学有什么用，因而决定了下列事情的重要性：研究适当的询问方法，以明显客观的方式报告结果，以及教育其他人了解心理学这门学科。

和任何科学一样，心理学的本质过去一直取决于它所使用的科学方法和技术，现在依然如此。同样道理，建设中的大桥和楼房的设计、相隔很远的人们之间信息传播的速度也取决于技术的发展。例如，复杂的电脑统计程序会帮助心理学家确保他们的调查能准确反映事实。对大量人群的调查可以告诉我们有关幸福的很多具体情况，但是调查应该有代表性，调查过程应该恰当，解释应该谨慎，报道时应该不偏不倚。要使调查具有代表性，一切有关的人群——城市的和农村的、黑人和白人、富人和穷人——被挑选的机会应该均等，抽样调查挑选人数的比例要和抽样地区的人口比例一致。电脑技术的发展使心理学家可以运行这类随机抽样程序,并检查他们的随机抽样是否确实在总人口中有代表性。黑人和白人数目相同的抽样调查,在赞比亚和法国都没有代表性。统计上的考虑是最重要的,例如统计上认为,根据一千五百人的随机抽样,就可以提出对一亿人观点的相当准确的估计——只要随机抽样是有代表性的。如果抽样调查的构成在重要的方面同总人口(得出的就是有关他们的结论)的构成不一致的话,一个有四千五百人参加的调查,不一定就比一千五百人的抽样调查更准确。心理学又一次处于特别困难的境地,因为心理学技术的某些方面一般是唾手可得的。谁都可以搞一次调查,但不是谁都能建一座桥。知道如何正确地做某件事情,也是同样重要的。

下一步是什么?进步和复杂性

一百年前,我们今天所了解的心理学几乎都不存在。当今这个学科的各方面都已经取得了长足的进步,还可以期望更多的进步。例如,现在我们在很大程度上知道,我们对于世界及世界上发生的事情会形成各自的感受,我们运用知觉、注意、学习、记忆的能力所获得的不仅是对于外部现实的被动反映。我们的精神生活比早期心理学家设想的要主动得多。早期心理学家以记载精神生活的结构和功能开始了他们的研究工作。我们的精神生活经过千千万万年的进化,才变成了现在这个样子。心理学家使我们能够理解心理过程的基本原理,以及为什么这些过程会以现在的方式运作。但是,在提供答案的同时,他们的发现又不断提出新的问题。如果记忆是一项活动而不是一个仓库,那么我们该怎么来理解记忆的发展与变迁呢?为什么智力高的人会用那么多不合逻辑的方式来进行思维和推理呢?我们能不能模拟人类的思维方式,创造出人造的“有智力”的机器呢?这些机器除了能在短时间内处理大量的信息以外,还能帮助我们理解有关精神生活的其他更人性的方面吗?我们怎样才能理解有创造性的或不落言筌的思维和沟通的过程呢?语言和思想之间、思想和情感之间的关系的本质究竟是什么呢?人们是怎么改变主意的呢?或者,人们是怎么修正过时的或无用的思维模式的呢?我们知道,这些问题和许多与它们相似的问题的答案十分复杂,因为有那么多因素影响着心理功能的各个方面。但是,研究和分析的技术正在发展,有关的变量也正在被挑选出来,所以得出答案的可能性也在增加。

20世纪心理学家的大量研究是受到社会、政治问题的刺激而产生的。例如,在第二次世界大战期间,对智力和人格的理解和测量得到了长足的进步,因为那时军队需要更好的手段来进行招募和挑选士兵的工作。人们在战争中的行为又引起了米尔格兰姆那个著名的关于服从的研究。大城市的社会剥夺给启智方案提供了环境,从启智方案里,我们又学到了怎么来弥补儿童早期环境的不利。企业和政治文化的发展给有关领导、团队工作和目标设置的研究提供了背景。显在的社会问题产生了紧迫的需求,因此我们需要更多地了解偏见,了解怎么处理现代生活造成的压力和紧张。在下一个世纪里,心理学的发展很可能会继续受到社会问题和环境问题的影响。现在,为了更多地理解创伤经历对记忆的影响,理解丢失记忆和“恢复”记忆的决定因素,心理学家还在继续工作。在与此类似的领域里,部分的答案要比完整的答案更常见。研究的成果常常被用来改进对于未来的假设。

与五十年前的心理学相比，今天的心理学是个更加多元也更加科学的学科。它的复杂性意味着，它可能永远也不会是一种只有单个样式的科学，它将继续从不同角度——认知和行为的角度、精神生理学角度、生物学角度和社会的角度——提供对精神生活的理解。和其他任何学科一样，它既是对立学派争鸣的场所，又是达成一致的场所——正是这一点使心理学成为了一门令人兴奋的学科。例如，很久之前，心理学就分成了实验性的分支和人本主义的分支，这两个分支分别得到了发展，几乎没有交集。也许，今天心理学家面前最令人兴奋的任务之一，就是把心理学一些不同专业的成果结合起来。这种努力对"认知科学"的发展有过贡献。在认知科学中，许多不同领域的科学家(不光是心理学家)为加深对心理(大脑**和**行为)功能的理解而在一起工作。心理学家对人类生活和行为的生理基础一直是有兴趣的，他们现在又在为进一步理解遗传因子和环境——天性和教养——如何相互影响而做出贡献。

同样，搞研究的心理学家和他们搞临床工作的同行之间的紧密合作开拓了多种令人兴奋的可能性。这里只提一下其中的两大可能。对婴儿及其护理者之间不断发展的关系的科学理解，可能会有助于弄清依恋的样式是怎么使人朝某个(可以测量的)方向发展的，而这样的发展可能会引致后来的精神病。早期无法测试的一些看法，现在可以测试了，因为心理学的不同分支走到了一起，在各分支工作的人可以互相学习。另外，仔细考虑了临床得出的观察结果之后，阐明人体功能的四个主要方面(思维、情感、身体感觉、行为)之间关系的理论模式正在逐步建立起来。这些复杂模式不仅对理解心理过程和现在行为的决定因素具有意义，而且对解释过去经历的影响、改进心理问题的治疗也有意义。毫无疑问,未来研究提出的问题和解答的问题会一样多,而且同样确定的是,心理学仍然会令人(从主观经历来了解心理学的人和把心理学当成终身事业的人)倾倒。

索引

(条目后的数字为原文页码)

A

ability 能力 135
abnormal behaviour 变态行为
classifying 分门别类 102-5
definitions of 的定义 98-102
explaining 解释 105-11
abnormal psychology 变态心理学 10, 98-111, 135
achievement 成就 135
activity theory 活动理论 82, 135
adaptation 适应 30, 83, 132, 135
adolescence 青春期 81, 135
aggression 攻击 135
agoraphobia 旷野恐怖症 135
amnesia 遗忘症 136
anxiety 焦虑 99, 136
anxiety disorders 焦虑障碍 103, 136
aptitude 能力倾向 136
association learning 联想学习 31, 136
attachment 依恋 74-7, 136
attention 注意(力) 21-4, 34, 136
attribution 归因 136
audience effect 观众效应 112, 136
autistic hostility 我向性敌对 123-4, 136
availability heuristics 可得性启发 47, 136

B

Bandura, A. 班杜拉 35
Bartlett, F. C. 巴特莱特 35-6
behaviour modification 行为矫正 33-4, 136
behavioural experiment 行为实验 109
behaviourist approach 行为主义取向 5, 10
biological psychology 生物心理学 10, 137
blue eyes-brown eyes experiment 蓝眼珠—棕黄眼珠的实验 121
bottom-up processing 自下而上的加工 24, 137
Bowlby, J. 鲍尔比 74

C

case studies 个案研究 8, 70, 108-9
Cattell, R. B. 卡特尔 90
child development 儿童发展 72-9
classical conditioning 经典性条件作用 31-3, 137
clinical psychology 临床心理学 127, 137
closure 闭合性 19
coaction effect 共作效应 112, 137
cognitions 认知 137
cognitive labelling theory 认知标签理论 65-7, 137
cognitive psychology 认知心理学 6, 10
cognitive science 认知科学 133
cognitive-behavioural therapy 认知行为疗法 65-7, 107-9, 137
cohort effect 同质效应 81
communicating 沟通 41, 52-4
compulsion 强迫行为 137
computers 电脑 18, 41, 131
concepts 概念 42-3, 138

conditioned stimulus 条件刺激 31
conformity 从众 113, 115-17, 124, 138
conscious thought 意识思维 43
consistency paradox 一致性矛盾 96
consumer psychology 消费心理学 128
contingencies 相倚 30-1, 35, 138
convergent thinking 聚合式思维 50-1, 138
correlational methods 相关法 8
cortex 皮层 16, 64, 138
cortical arousal 大脑皮层觉醒度 95
creativity 创造力 51
critical periods 关键期 70, 137
crystallized intelligence 晶态智力 90, 137
cultural differences in IQ 智商中的文化差异 88-9
culture-fair tests 文化公平的测验 89-90, 138
cupboard love 有意图的亲热 75

D

Darwin, C. 达尔文 5, 62
decision processes 决策过程 17
deductive reasoning 演绎推理 45-6, 138
defence mechanisms 防御机制 106, 138
depression 抑郁 99, 103, 106, 138
deprivation 剥夺 70, 73, 78-9, 139
detachment 脱离 75, 139
developmental psychology 发展心理学 10, 70-83
developmental stages 发展阶段 69-70, 139
devil's tuning fork 魔鬼音叉 15
diagnosis 诊断 102-5, 139
dialectical reasoning 辩证推理 48-50
discrepancies 差异 30-1
disengagement theory 解脱理论 82, 139
dissociative disorders 分裂性障碍 104
divergent thinking 发散式思维 50-1, 139
dreams 梦 107
drive reduction theory 驱力降低理论 58-9, 139

E

eating disorders 进食障碍 104
educational psychology 教育心理学 127, 139
ego 自我 6, 139
electroconvulsive therapy 电击疗法 106
emotion 情绪 55-6, 62-8, 139
emotional intelligence 情绪智力 68
Erikson, E. H. 埃里克森 80-1
ethnocentrism 种族中心主义 122, 139
eugenics 优生学 97
Evans, J. 伊万斯 46
evolutionary considerations 进化的原因 39, 63-4
evolutionary theory 进化论 2
existential approaches 存在主义取向 100-1, 139
experimental methods 实验法 8
exposure 暴露 107, 140
extroversion 外向性 94-5, 140
Eysenck, H. J. 艾森克 93, 94-5

F

factitious disorders 假性障碍 105
false memory syndrome 虚假记忆综

合征 37, 140
figure-ground perception 图形—背景知觉 19
fluid intelligence 液态智力 90, 140
forensic psychology 审判心理学 127, 140
free association 自由联想 107, 140
Freud, S. 弗洛伊德 6, 106-7
frontal lobes 额叶 65
functional fixedness 功能固着 50-1
fundamental attribution error 基本归因误差 93, 120, 140

G

general paresis 轻瘫 105-6
Gestalt principles 格式塔原理 18-20
Gestalt psychology 格式塔心理学 5-6, 140
goal setting 目标设置 59
goal theory 目标理论 59-61, 140

H

habituation 习惯化 17, 23, 140
hallucinations 幻觉 126
Headstart project 启智方案 92
health psychology 健康心理学 127, 140
heuristics 启发法 47
historical background 历史背景 4-7
Hite, S. 海特 130
homeostatic drive theory 内平衡驱力理论 58-61, 141
humanistic psychology 人本主义心理学 7, 68, 107, 141, 143
hypervigilant 过度警惕 111

I

id 本我 6, 141
identity diffusion 同一性混淆 81
ideological justification 意识形态上的合理化 120
idiot savants 白痴天才 86
impulse control disorders 冲动控制障碍 104
incubation 潜伏 49-50, 141
individual differences 个体差异 10, 84-96, 141
inductive reasoning 归纳推理 47-8, 141
information processing 信息加工 7
insight learning 顿悟学习 34, 141
intelligence 智力 85-92, 113, 132, 141
intelligence tests 智力测验 86-90
interviews and surveys 访谈和调查 8
introspection 内省 4, 128, 141
introversion 内向性 94-5, 141
IQ 智商 85-92, 96-7, 141

J

James, W. 詹姆斯 1, 2, 5, 28-9, 47

L

language 语言 52-4
latent learning 潜伏学习 34, 141
Latham, G. P. 拉特姆 61
leadership 领导 113-15, 124
learning 学习 29-35
Levine, M. 莱文 50
lie detectors 测谎仪 68
lifespan development 毕生发展 79-83
limbic system 边缘系统 64, 142
linguistic relativity, theory of 语言相

对性理论 52-4
long-term memory 长时记忆 39, 142
low level information 低水平信息 21-2
Luria, A. R. 卢里亚 38

M

McCarthy, C. 麦卡锡 37
Maslow, A. H. 马斯洛 57-8
medical model 医学模式 99-100, 105, 142
memory 记忆 28-9, 35-40, 142
mental age 心理年龄 87, 142
mental models 心理模式 48-9
mental sets 定势 50, 142
Milgram, S. 米尔格兰姆 118, 133
Miura, I. T. 缪拉 53
mood disorders 心境障碍 103
motivation 动机 55-61, 142

N

nature-nurture debate 天性和教养的争论 69, 71, 85, 91, 142
Necker cube 内克尔立方体 14, 26
Neisser, U. 奈塞尔 24, 36-7
Neisser's perceptual cycle 奈塞尔的知觉周期 26
neocortex 新皮层 64
neural impulses 神经冲动 16
neuron 神经元 142
neuroticism 神经过敏 95, 142
non-conscious thought 非意识思维 43-5, 142
normalizing 一般化 101

O

obedience 服从 113, 117-20, 124, 143
observational learning 观察学习 35, 143
obsession 执著 143
occupational psychology 职业心理学 128, 143
operant conditioning 操作性条件作用 32-4, 143
Ornstein, R. 奥恩斯坦 65

P

panic attacks 恐慌症的发作 102, 103, 143
pattern discrimination 模式辨识 20
Pavlov, I. P. 巴甫洛夫 31
perception 知觉 14-27, 143
perceptual defence 知觉防卫 22
perceptual organization 知觉组织 18-20
perceptual set 知觉定势 20-1, 23
personality 人格 92-6, 132, 143
personality disorders 人格障碍 104, 143
photographic memory 摄影式的记忆 38
physiological psychology 生理心理学 10, 143
positive transfer effect 正迁移效应 49
prejudice 偏见 47, 82-3, 112, 120-5, 143
primary emotions 原始情绪 62
primary motives 初级动机 56-7, 61
problem solving 解决问题 49-50, 143
prototype theory 原型理论 43
proximity 接近性 19
psychiatry 精神病学 10, 144

psychoanalysis 精神分析 5-6, 68, 106-7, 144
psychoanalytic psychotherapy 精神分析心理疗法 144
psychological measurement 心理测量 84-5
psychological tests 心理测验 96-7
psychosis 精神病 144
psychosocial crisis 心理社会危机 81
psychosurgery 精神外科学 106
psychotherapy 心理治疗 11, 144
psychoticism 精神质 95
punishment 惩罚 33, 119, 144

Q

questionnaire methods 问卷方法 8

R

reasoning 推理 41, 45-51, 144
rehearsal 复述 39
reinforcement 强化 32-3, 144
relapse rates 复发率 111
reliability 信度 84, 144
response bias 反应偏向 17
responsiveness 应答性 75, 144
reward 奖赏 32-3, 59, 126, 144
Robber's Cave experiment "强盗的山洞"实验 123
role transition 角色演变 81
Rubin's vase 鲁宾的花瓶 18

S

Sacks, O. 萨克斯 25
scapegoating 迁怒 122, 144
Schachter, S. 斯坎特 66
schizophrenia 精神分裂症 99, 103, 144
secondary motives 次级动机 57, 61, 145
self-actualization 自我实现 58, 145
self-esteem 自尊 57, 107, 145
sensory deprivation 感觉剥夺 17-18, 145
sensory memory 感觉记忆 39
sensory overload 感觉超负荷 18
sensory processes 感觉过程 15, 145
sensory receptors 感受器 16-17
separation, effects of 撤离的影响 78-9
sexual and gender identity disorders 性和性别认同障碍 104
shaping behaviour 塑造行为 33-4, 145
short term memory 短时记忆 39, 145
signal detection 信号检测 16
signal detection theory 信号检测论 17, 145
similarity 相似性 18
simple phobia 单纯恐怖症 145
Skinner, B. F. 斯金纳 32, 33
social development 社会发展 73-7
social facilitation 社会助长 112-13, 124, 145
social norms 社会规范 100, 117-18, 145
social phobia 社交恐怖症 102-3, 146
social psychology 社会心理学 10, 112-25, 146
somatoform disorders 躯体化障碍 103, 146
sport psychology 运动心理学 128-9
standardization 标准化 84-5
statistical norms 统计规范 100
stereotypes 刻板印象 83, 102-3, 121, 146
stimulus 刺激 146
stimulus-response 刺激—反应 5
strange situation 陌生情境 75

subconscious processes 下意识过程 146
subliminal perception 阈下知觉 22-3
substance-related disorders 药物性精神障碍 105
superego 超我 6, 146
systematic desensitization 系统脱敏 107, 146

T

theory 理论 146
thinking 思维 41-5, 146
time-out 暂时退出 33
token economy programmes 代币制酬赏 126
top-down processing 自上而下的加工 24, 146
trait theories 特质论 93-4, 95, 147
transactions 交互作用 30, 31
transference 移情 107, 147
two-factor model of intelligence 智力的双因素模式 86
type theories 类型理论 93-5, 96, 147

U

unconditioned response 无条件反应 31, 147
unconditioned stimulus 无条件刺激 31, 147
unconscious processes 潜意识过程 6, 106, 147

V

validity 效度 84, 147
virtual reality 虚拟现实 27
visual cortex 视觉皮层 16, 147

W

War of the Ghosts 鬼魂的战争 36
Watson, J. 华生 5

Gillian Butler and Freda McManus

PSYCHOLOGY

A Very Short Introduction

Contents

Acknowledgements i

List of Illustrations iii

1 What is psychology? How do you study it? 1

2 What gets into our minds? Perception 14

3 What stays in the mind? Learning and Memory 28

4 How do we use what is in the mind? Thinking, Reasoning, and Communicating 41

5 Why do we do what we do? Motivation and Emotion 55

6 Is there a set pattern? Developmental Psychology 69

7 Can we categorize people? Individual Differences 84

8 What happens when things go wrong? Abnormal Psychology 98

9 How do we influence each other? Social Psychology 112

10 What is psychology for? 126

Glossary 135

References 149

Further Reading 153

Acknowledgements

In completing this book we have many debts to acknowledge. Conversations with patients, students, colleagues, friends, and family have all played their part in helping us to think clearly about psychology. The many questions that they have posed have helped us to focus on aspects of psychology that appear to be of general interest. They have also challenged us to provide answers that reveal the exciting nature of psychology as a developing science, that fit with a fast expanding set of facts, and that can be relatively simply explained and illustrated. Inevitably we have had to leave unexplored, or merely hint at the existence of, large parts of the territory. We are grateful to those whose curiosity helped to point us in directions that they found interesting.

We would particularly like to thank our original teachers of psychology for imparting an enduring enthusiasm for the subject, and also those whose introductory books on various aspects of psychology have helped us to think better about how to make the subject accessible to others. The works of some of these have been included amongst the selection of further reading that we have recommended at the end of the book.

Without the encouragement and well-informed comments of George

Miller at Oxford University Press this book would not have taken the form that it has. It is a pleasure to acknowledge the help he has given as well as his work on the whole project.

List of Illustrations

1 William James 3

2 Necker cube 14

3 The devil's tuning fork 15

4 Rubin's vase 18

5 Gestalt principles 19

6 Seeing H before S 20

7 Top-down/bottom-up processing example 26

8 Neisser's perceptual cycle 26

9 'Boy, do we have this guy conditioned . . .' 32
© Randy Taylor

10 Hill-walking photograph 60

11 Gargoyle photograph 63
© Oxford Picture Library / Chris Andrews

12 Attachment photograph 74

13 Attachment in monkeys 77
© Harlow Primate Laboratory, University of Wisconsin

14 'You can't build a hut . . .' 88
© 1999 by Sidney Harris

15 Eysenck's personality types 95

16 'Leave us alone! I am a behaviour therapist! . . .' 108
© 1999 by Sidney Harris

17 'What's the nature of the trouble . . .?' 110
© 1999 by Sidney Harris

18 Resistance to majority opinion 116
© William Vandivert

19 Milgram experiment 119
From the film *Obedience* © by Stanley Milgram and distributed by Penn State Media Sales.

Chapter 1
What is psychology? How do you study it?

In 1890 William James, the American philosopher and physician and one of the founders of modern psychology, defined psychology as 'the science of mental life' and this definition provides a good starting point for our understanding even today. We all have a mental life and therefore have some idea about what this means, even though it can be studied in rats or monkeys as well as in people and the concept remains an elusive one.

Like most psychologists, William James was particularly interested in human psychology, which he thought consisted of certain basic elements: thoughts and feelings, a physical world which exists in time and space, and a way of knowing about these things. For each of us, this knowledge is primarily personal and private. It comes from our own thoughts, feelings, and experience of the world, and may or may not be influenced by scientific facts about these things. For this reason, it is easy for us to make judgements about psychological matters using our own experience as a touchstone. We behave as amateur psychologists when we offer opinions on complex psychological phenomena, such as whether brain-washing works, or when we espouse as facts our opinions about why other people behave in the ways that they do: think they are being insulted, feel unhappy, or suddenly give up their jobs. However, problems arise when two people understand these things differently. Formal psychology attempts to provide methods for deciding which explanations are most likely to be correct, or for determining the circumstances under which each applies. The work of psychologists helps us to distinguish between inside information which is subjective, and may be biased and unreliable, and the facts: between our preconceptions and what is 'true' in scientific terms.

Psychology, as defined by William James, is about the mind or brain, but although psychologists do study the brain, we do not understand nearly enough about its workings to be able to comprehend the part that it plays in the experience and expression of our hopes, fears, and wishes, or in our behaviour during experiences as varied as giving birth or watching a football match. Indeed, it is rarely possible to study the brain directly. So, psychologists have discovered more by studying our behaviour, and by using their observations to derive hypotheses about what is going on inside us.

Psychology is also about the ways in which organisms, usually people, use their mental abilities, or minds, to operate in the world around them. The ways in which they do this have changed over time as their environment has changed. Evolutionary theory suggests that if organisms do not adapt to a changing environment they will become extinct (hence the sayings 'adapt or die' and 'survival of the fittest'). The mind has been, and is still being, shaped by adaptive processes. This means that there are evolutionary reasons why our minds work the way that they do – for instance, the reason why we are better at detecting moving objects than stationary ones may be because this ability was useful in helping our ancestors to avoid predators. It is important for psychologists, as well as for those working in other scientific disciplines such as biology and physiology, to be aware of those reasons.

A difficulty inherent in the study of psychology is that scientific facts should be objective and verifiable but the workings of the mind are not observable in the way that those of an engine are. In everyday life they can only be perceived indirectly, and have to be inferred from what can

1. William James (1842–1910)

be observed, i.e. behaviour. The endeavour of psychology is much like that involved in solving a crossword puzzle. It involves evaluating and interpreting the available clues, and using what you already know to fill in the gaps. Furthermore, the clues themselves have to be derived from careful observation, based on accurate measurement, analysed with all possible scientific rigour, and interpreted using logical and reasoned arguments which can be subjected to public scrutiny. Much of what we want to know in psychology – how we perceive, learn, remember, think, solve problems, feel, develop, differ from each other, and interrelate – has to be measured indirectly, and all these activities are *multiply determined*: meaning that they are influenced by several factors rather than by a single one. For example, think of all the things that may affect your response to a particular situation (losing your way in a strange town). In order to find out which factors are the important ones, a number of other confounding factors have somehow to be ruled out.

Complex interactions are the norm rather than the exception in psychology, and understanding them depends on the development of sophisticated techniques and theories. Psychology has the same goals as any other science: to describe, understand, predict, and learn how to control or modify the processes that it studies. Once these goals have been achieved it can help us to understand the nature of our experience and also be of practical value. For instance, psychological findings have been useful in fields as varied as developing more effective methods of teaching children to read, in designing control panels for machines that reduce the risk of accidents, and in alleviating the suffering of people who are emotionally distressed.

Historical background

Although psychological questions have been discussed for centuries, they have only been investigated scientifically in the past 150 years. Early psychologists relied on *introspection*, that is, the reflection on one's own conscious experience, to find answers to psychological questions. These early psychological investigations aimed to identify mental structures. But following the publication by Charles Darwin of *The Origin of Species* in 1859, the scope of psychology expanded to include the *functions* as well as the *structures* of consciousness. Mental structures and functions are still of central interest to psychologists today, but using introspection for studying them has obvious limitations. As Sir Francis Galton pointed out, it leaves one 'a helpless spectator of but a minute fraction of automatic brain work'. Attempting to grasp the mind through introspection, according to William James, is like 'turning up the gas quickly enough to see how the darkness looks'. Contemporary psychologists therefore prefer to base their theories on careful observations of the phenomena in which they are interested, such as the behaviour of others rather than on reflections upon their own experience.

In 1913 John Watson published a general behaviourist manifesto for psychology which asserted that, if psychology was to be a science, the data on which it was based must be available for inspection. This focus on observable behaviour rather than on internal (unobservable) mental events was linked with a theory of learning and an emphasis on reliable methods of observation and experimentation which still influence psychology today. The behaviourist approach suggests that all behaviour is the result of conditioning which can be studied by specifying the *stimulus* and observing the *response* to it (*S-R psychology*). What happens in between these two, the *intervening variables*, was thought unimportant by the earlier behaviourists, but has since become a prime source of experimental hypotheses. Testing hypotheses about these things has enabled psychologists to develop increasingly sophisticated theories about mental structures, functions, and processes.

Two other significant influences on the development of psychology early this century came from *Gestalt psychology* and from *psychoanalysis*. Gestalt psychologists working in Germany made some interesting observations about the ways in which psychological processes are organized. They showed that our experience differs from what would be expected if it were based solely on the physical properties of external stimuli, and concluded that 'the whole is greater than the sum of the parts'. For example, when two lights in close proximity flash in succession, what we see is one light that moves between the two positions (this is how films work). Recognizing that mental processes contribute in this way to the nature of experience laid the groundwork for contemporary developments in *cognitive psychology*, which is the branch of psychology that studies such internal processes.

Sigmund Freud's theories about the continuing influence of early childhood experiences, and about the theoretical psychological structures he named the *ego*, *id*, and *superego*, drew attention to *unconscious* processes. These processes, which include unconscious and unacceptable wishes and desires, are inferred, for example, from dreams, slips of the tongue, and mannerisms and are thought to influence behaviour. In particular, unconscious conflicts are hypothesized to be a prime cause of psychological distress, which psychoanalysts can help to relieve by assisting in their expression, and by using psycho-dynamic theories based on Freud's work to interpret patients' behaviours. The unobservable nature of the mental processes on which Freud's theories are based makes the theories difficult to test scientifically, and for many years the more scientific and the more interpretive branches of psychology developed independently, along separate routes.

Contemporary psychology is at an exciting stage today partly because these divisions are, in places, breaking down. Psychology is not the only discipline that has had to tackle questions about how we can know about things that we cannot observe directly – think of physics and biochemistry. Technological and theoretical advances have assisted this process and such developments have changed, and are continuing to change, the nature of psychology as a science. Psychologists can now use sophisticated measuring instruments, electronic equipment, and improved statistical methods to analyse multiple variables and huge quantities of data, using computers and all the paraphernalia involved in information technology. Studying the mind as an *information processing system* has enabled them to find out more about things that cannot be observed, and the many variables that intervene between stimulus and response, such as those involved in attention, thinking, and decision-making. They are now in a position to base their hypotheses about these things not solely on hypothetical theories arising from introspection, as did the early analysts, or solely on observations of behaviour, as did early behaviourists, but on combinations of these things backed up by more *reliable* and *valid* methods of observation and measurement. These developments have produced a revolution in psychology as 'the science of mental life', and their continued development means that there is still much that remains to be discovered.

Psychology as a science

Psychology is a science in that it makes use of scientific methods wherever possible, but it must also be remembered that psychology is a science at an early stage of development. Some of the things in which psychologists are interested cannot be wholly understood using scientific methods alone, and some would argue that they never will be. For example, the *humanistic* school of psychology places greater emphasis on individuals' accounts of their subjective experiences, which cannot easily be quantified or measured. Some of the main methods that are typically used by psychologists are shown in Box 1.1.

Any science can only be as good as the *data* on which it is based. Hence psychologists must be objective in their methods of data collection, analysis, and interpretation, in their use of statistics, and in the interpretation of the results of their analyses. An example will illustrate how, even if the data collected are valid and reliable, pitfalls can easily

Box 1.1. The main methods used

Laboratory experiments: a hypothesis derived from a theory is tested under controlled conditions which are intended to reduce bias in both the selection of subjects used and in the measurement of the variables being studied. Findings should be replicable but may not generalize to more real-life settings.

Field experiments: hypotheses are tested outside laboratories, in more natural conditions, but these experiments may be less well controlled, harder to replicate, or may not generalize to other settings.

Correlational methods: assessing the strength of the relationship between two or more variables, such as reading level and attention span. This is a method of data analysis, rather than data collection.

Observations of behaviour: the behaviour in question must be clearly defined, and methods of observing it should be reliable. Observations must be truly representative of the behaviour that is of interest.

Case studies: particularly useful as a source of ideas for future research, and for measuring the same behaviour repeatedly under different conditions.

Self-report and Questionnaire studies: these provide subjective data, based on self-knowledge (or introspection), and their reliability can be ensured through good test design and by standardizing the tests on large representative samples.

Interviews and surveys: also useful for collecting new ideas, and for sampling the responses of the population in which the psychologist is interested.

arise in the way they are interpreted. If it is reported that 90 per cent of child abusers were abused themselves as children, it is easy to assume that most people who were abused as children will go on to become child abusers themselves – and indeed such comments often reach the media. In fact, the interpretation does not follow logically from the information given – the majority of people who have themselves been abused do not repeat this pattern of behaviour. Psychologists, as researchers, have therefore to learn both how to present their data in an objective way that is not likely to mislead, and how to interpret the facts and figures reported by others. This involves a high degree of critical, scientific thinking.

The main branches of psychology

It has been argued that psychology is not a science because there is no single governing paradigm or theoretical principle upon which it is based. Rather it is composed of many loosely allied schools of thought. But this is perhaps inevitable, because of its subject matter. Studying the physiology, biology, or chemistry of an organism provides the kind of exclusive focus that is not available to psychologists, precisely because they are interested in mental processes, which cannot be separated from all the other aspects of the organism. So there are, as one might expect, many approaches to the study of psychology, ranging from the more artistic to the more scientific, and the different branches of the subject may seem at times like completely separate fields. The main branches are listed in Box 1.2.

In practice there is considerable overlap between the different branches of psychology and between psychology and related fields.

Close relatives of psychology

There are some fields with which psychology is frequently confused – and indeed there are good reasons for the confusion. First, psychology

Box 1.2. The main branches of psychology

Abnormal: the study of psychological dysfunctions and of ways of overcoming them.

Behavioural: emphasizes behaviour, learning, and the collection of data which can be directly observed.

Biological (*and comparative*): the study of the psychology of different species, inheritance patterns, and determinants of behaviour.

Cognitive: focuses on finding out how information is collected, processed, understood, and used.

Developmental: how organisms change during their lifespan.

Individual differences: studying large groups of people so as to identify and understand typical variations, for example in intelligence or personality.

Physiological: focuses on the influence of physiological state on psychology, and on the workings of the senses, nervous system, and brain.

Social: studying social behaviour, and interactions between individuals and groups.

is not psychiatry. Psychiatry is a branch of medicine which specializes in helping people to overcome mental disorders. It therefore concentrates on what happens when things go wrong: on mental illness and mental distress. Psychologists also apply their skills in the clinic, but they are not medical doctors and combine with their focus on psychological problems and distress a wide knowledge of normal psychological processes and development. They are not usually able to prescribe drugs; rather they specialize in helping people to understand, control, or modify their thoughts or behaviour in order to reduce their suffering and distress.

Second, psychology is often confused with psychotherapy. Psychotherapy is a broad term referring to many different types of psychological therapy, but referring to no particular one exclusively. Although the term is often used to refer to psychodynamic and humanistic approaches to therapy, it also has a wider, more general use; for example, there has recently been a great expansion of behavioural and cognitive-behavioural psychotherapy.

Third, there are many related fields in which psychologists may work, or collaborate with others, such as psychometrics, psychophysiology, psycholinguistics, and neuropsychology. Psychologists also play a part in broader, developing fields to which others contribute as well, such as cognitive science and information technology, or the understanding of psychophysiological aspects of phenomena such as stress, fatigue, or insomnia. Psychology as used in the clinic may be well known, but it is just one branch of a much bigger subject.

The aims and structure of this book

Our aim is to explain and to illustrate why psychology is interesting, important, and useful today, and therefore this book focuses on contemporary material. As most psychologists are interested in people, examples will predominantly be drawn from human psychology. Nevertheless, the book starts from the assumption that the minimum condition for having a psychology, as opposed to being a plant or an amoeba, is the possession of a mental control system (in informal terms a 'mind') that enables the organism to operate both in and on the world. Once the brain and nervous system have evolved sufficiently to be used as a control centre, there are certain things it must be able to do: pick up information about the world outside itself, keep track of that information, store it for later use, and use it to organize its behaviour so as, crudely speaking, to get more of what it wants and less of what it does not want. Different organisms do these things in different ways (for example, they have different kinds of sense organs), and yet some of the processes involved are similar across species (for example, some types of learning, and some expressions of emotion). One of the central concerns of psychologists is to find out how these things come about. So Chapters 2–5 will focus on four of the most important questions that psychologists ask: What gets into the mind? What stays in the mind? How do we use what is in the mind? and Why do we do what we do? They aim to show how psychologists find out about the processes involved in perception and attention (Chapter 2), in learning and memory (Chapter 3), in thinking, reasoning, and communicating (Chapter 4), and in motivation and emotion (Chapter 5), and attempt to explain the ways in which they work for us. These chapters focus on generalities: on the commonalities between people. They aim to describe our 'mental furniture', and to look at some of the hypotheses psychologists have made and at a few of the models they have constructed to explain their observations.

Psychologists are also interested in the differences between people and in the determinants of their obvious variety. If we are going to understand people better we need to disentangle general influences from individual ones. If there were only general patterns and rules, and we all had the same mental furniture, then all people would be psychologically identical, which obviously they are not. So how do we explain how they come to be the way they are, and how do we understand their differences, their difficulties, and their interactions? Chapter 6 asks: Is there a set pattern of human development? Chapter 7 is about individual differences and asks: Can we categorize people into types? Chapter 8 asks: What happens when things go wrong? and focuses on abnormal psychology, and Chapter 9 asks: How do we influence each other? and describes social psychology. Finally, in Chapter 10 we ask 'What is psychology for?', describe the practical uses to which psychology has been put, and offer some speculations about the types of advance that might be expected in the future.

Chapter 2
What gets into our minds? Perception

Look steadily at the drawing in Figure 2. This picture of a *Necker cube* is made up entirely of black lines in two-dimensional space, but what you *perceive* is a three-dimensional cube. Looking for some time at this cube produces an apparent reversal, so that the face that was in front becomes the back face of a cube facing the other way. These representations alternate even if you try not to let them do so, as the brain attempts to make sense of an ambiguous drawing with insufficient information to settle for one interpretation or the other. It seems that perception is not just a matter of passively picking up information from the senses, but the product of an active construction process.

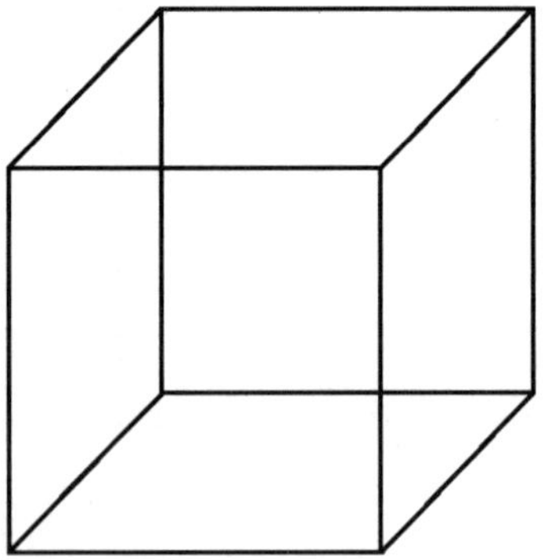

2. Necker cube

Even more confusing is the drawing of the devil's tuning fork (Figure 3) which misleads us by using standard cues for depth perception. Alternately we see, or cannot see, a three-dimensional representation of a three-pronged fork. Similar phenomena can be demonstrated using other senses. If you repeat the word 'say' to yourself quickly and steadily you will alternately hear 'say say say . . . ' and 'ace ace ace . . . '. The point is the same: the brain works on the information received and makes hypotheses about reality without our conscious direction, so that what we are ultimately aware of is a combination of *sensory stimulation* and *interpretation*. If we are driving in thick fog, or trying to read in the dark, then the guesswork becomes obvious: 'Is this our turning or a drive-way?'; 'Does it say "head" or "dead"?' Sensory processes partly determine what gets into our minds, but we can already see that other more hidden and complex processes also contribute to what we perceive.

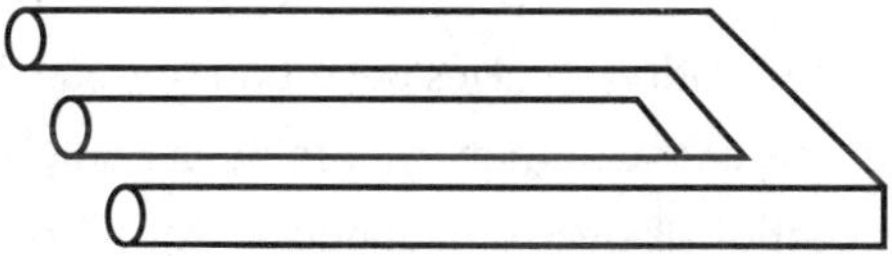

3. The devil's tuning fork

We generally assume that the world is as we see it and that others see it the same way – that our senses reflect an objective and shared reality. We assume that our senses represent the world in which we live as accurately as a mirror reflects the face that peers into it, or as a camera creates a snapshot of a particular instant, frozen in time. Of course if our senses did not provide us with somewhat accurate information we could not rely on them as we do, but nevertheless psychologists have found that these assumptions about perception are misleading. Picking up information about our worlds is not a passive, reflective process, but a complex, active one in which the mind and the senses work together, helping us to construct a *perception of* reality. We do not just see patterns of light, dark, and colour – we organize these patterns of stimulation so that we see objects that have meaning for us. We can name or recognize them, and identify them as entirely new or similar to other objects. As we shall see throughout this book, the subject matter of psychology is never simple, and some of its commonest problems are illustrated by the work on perception. First we have to determine which are the relevant factors (sensation, interpretation, and attention are three in this case), then attempt to understand, and construct theories to explain, the ways in which they interact.

Most psychological research into perception has concentrated on visual perception, because vision is our best developed sense: about half the *cortex* (the convoluted grey matter in the brain) is related to vision. Visual examples can also be illustrated, so they will predominate in this chapter.

Perceiving the real world

The first stage of perception involves detecting the signal that something is out there. The human eye can detect only a minute fraction of 1 per cent of all electromagnetic energy – the visible spectrum. Bees and butterflies can see ultraviolet rays, and bats and porpoises can hear sounds two octaves beyond our range. So what we know about reality is limited by the capabilities of our sense organs. Within those limitations, our sensitivity is remarkable: on a clear dark night, we could theoretically see a single candle flame 30 miles away. When we detect a signal such as a light, our sensory receptors convert one form of energy into another, so information about the light is transmitted as a pattern of neural impulses. The raw material of perception for all the senses consists of neural impulses which are channelled to differently specialized parts of the brain. For the impulses to be interpreted as seeing a candle flame, they have to reach the visual cortex and the pattern and rate of firing in activated cells and lack of firing in inhibited cells has both to be distinguished from the background level of cellular activity (or *neural noise*), and decoded.

Interestingly, the ability to detect a signal accurately is far more variable than would be expected from knowledge about sensory systems alone, and is influenced by many other factors: some are obvious, like attention, others less obvious, involving our expectations, motivations, or inclinations such as a tendency to say 'yes' or 'no' when uncertain. If you are listening to the radio while waiting for an important telephone call, you may think you heard it ring when it did not, whereas if you are engrossed in the radio programme and not expecting a phone call you may completely fail to hear it ring. Such differences in detecting signals have important practical implications, for example in designing effective warning systems in intensive care units or control panels for complex machines.

Theories constructed to explain these findings enable psychologists to make and to test predictions. *Signal detection theory* suggests that accurate perception is determined not just by sensory capacity but by a combination of sensory processes and decision processes. Decisions vary according to the degree of cautiousness required (or *response bias*) in use at the time. A laboratory technician scanning slides for cancerous cells responds to every anomaly and sorts out the 'false alarms' later, but a driver deciding when to overtake the car in front must get it right each time or risk a collision. Measures of sensitivity and of cautiousness can be calculated by counting 'hit rates' and 'false alarms' and applying relatively simple statistical procedures, to predict when a signal (a cancerous cell, or an oncoming car) will be accurately detected. These measures are demonstrably reliable, and have many practical uses, for example in training air traffic controllers, whose decisions about the presence or absence of a radar signal may make the difference between a safe landing and a disaster.

All senses respond better to changes in the environment than to a steady state, and receptors stop responding altogether, or *habituate*, when nothing changes, so you notice the noise of the fridge when it switches on but not later. In our busy lives one might suppose that rest from sensory stimulation would be a boon, but *sensory deprivation*, or the absence of all sensory stimulation, can induce frightening and bizarre experiences including hallucinations in some people. The degree of distress experienced varies according to what people expect. The same applies if the senses are overloaded for a significant length of time. As people who have recently been to pop concerts, football matches, or especially busy supermarkets will testify, these can be stimulating, exhausting, or confusing experiences.

Perceptual organization

Organized perception, which enables us to discern patterns in what we perceive so as to make sense of it, happens so naturally and effortlessly that it is hard to believe it is a substantial achievement. Computers can be programmed to play chess, but they cannot yet be programmed to match even relatively rudimentary visual skills. The main principles of perceptual organization were discovered by the Gestalt psychologists in the 1930s.

Look at the Rubin's vase (Figure 4). You will see either a vase or two silhouettes, but not both at once. If you look at the vase the silhouettes disappear, becoming the ground against which the figure stands out,

4. Rubin's vase

but seeing the silhouettes as figures turns the 'vase' into background. *Figure-ground perception* is important because it forms the basis for much of the rest of the way that we see things. Three of the other Gestalt principles of organization, those of similarity, proximity, and closure, are illustrated in Figure 5. Perceptually we group together things that are similar or close to each other (*a* and *b*) and fill in the gaps if shown an incomplete figure (*c*). These organizing principles help us to identify objects and to separate them from their surroundings. We usually identify the most important figures first and explore details later, so in Figure 6 we see H before S. Whether or not perceptual

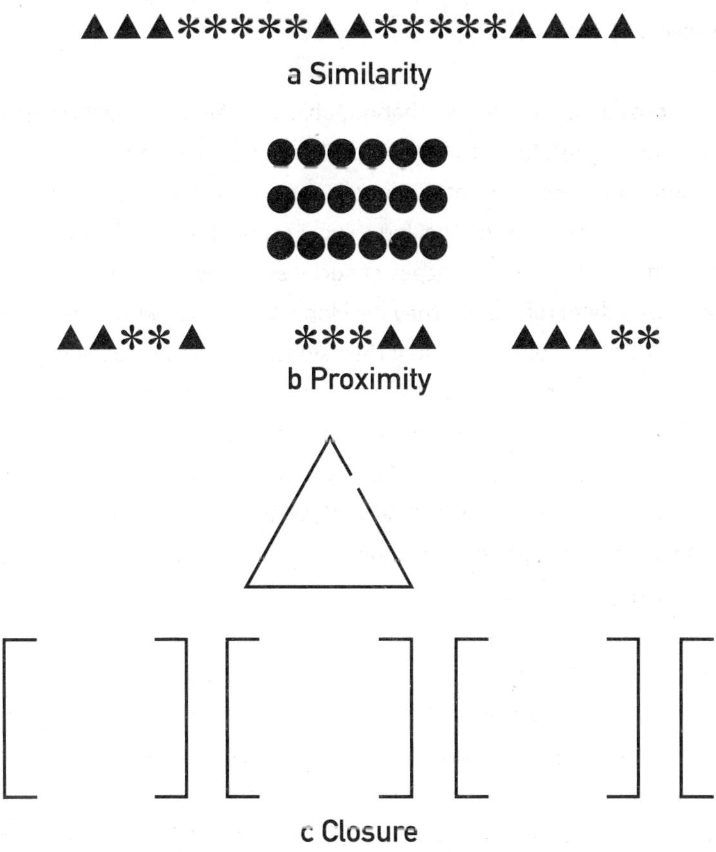

5. Gestalt principles of similarity, proximity, and closure

```
S        S
S        S
S        S
SSSSSSSSSS
S        S
S        S
S        S
```

6. Seeing H before S

processing always proceeds in this order is still uncertain. The point is that one of the things we contribute to the construction of our own reality is a systematic way of organizing the information received.

Gestalt psychologists believe that our ability to identify objects visually, and to distinguish them from their background, is innate rather than learned. From recordings of single cells in the brain it appears that some cells respond most to lines having a specific orientation or length, and others may detect simple shapes or surfaces. Are we born with such specialized detectors, or do they develop later? Adults who were blind at birth but subsequently gained their sight, for example following the surgical removal of cataracts, have all found visual perception extremely difficult, and continue to make visual errors. Although there could be many reasons for this, it seems that visual skills have to be learned. For example, animals reared in diffuse light, which preserves the optic nerve but prevents pattern discrimination, tend subsequently to bump into things.

The extent to which perception is influenced by stored knowledge and the expectations created by this knowledge is remarkable (see Box 2.1). Creating a *perceptual set* (an expectation that guides perception) makes it easier to perceive something belonging to that set – which is why the 'own brand' items in a supermarket will be easier to find if they look similar to each other and different from rival brands.

Box 2.1. Perceptual set: what you know influences what you see

Subjects were shown sets of letters or numbers which they had to name out loud as they appeared. Then they were shown the following ambiguous figure:

This could be read as a B or a 13. If it followed a series of letters it was named as a B, but if it followed a series of numbers it was named as a 13.

Bruner and Minturn, 1955

Paying attention: making use of a limited capacity system

Perception involves more than the acquisition of discriminatory skills. It also involves forming hypotheses, making decisions, and applying organizing principles. Most of the time these things go on outside awareness and sometimes we can even be unaware that we have perceived, or chosen to perceive, anything at all. This is because what gets into the mind is determined by the way our perceptual system works and also by the way in which we select from amongst the many things that demand our attention. Our brains are limited capacity systems, and to make the best use of them it helps to direct our attention appropriately. If you set a tape recorder running at a noisy party you would most likely hear something resembling a confused babble. But if you start talking – or paying attention – to someone at the party, your conversation will stand out against the background noise and you may not even know whether the person behind you was talking in French or English. Yet if someone mentions your name, without even raising their voice, you will be highly likely to notice it. Normally, we focus as we wish by filtering out what does not matter to us at the time, on the basis of *low level information*, such as the voice of the speaker or direction from which the voice comes.

Noticing our own name is a puzzling exception to this rule, and several explanations have been suggested for how the filter system works. We must know something about those things we ignore or we would not know that we wanted to ignore them. Perceiving something without realizing that we have done so has been called *subliminal perception* (Box 2.2). Laboratory studies have shown that our attentional processes can work so fast and efficiently that they can protect us from consciously noticing things that might upset us, such as obscene or disturbing words.

Box 2.2. Subliminal perception: a means of self-protection?

Two spots of light are shown on a screen, and in one of them a word is written so faintly that it cannot be consciously perceived. Subjects judge the brightness of the spots as dimmer when there is an emotional word hidden in the light than when the word is pleasant or neutral. This has been called *perceptual* defence because it potentially can protect us from unpleasant stimuli.

Paying attention is one way in which we select what gets into our minds – but we do not have to pay attention to only one thing at a time. In fact, divided attention is the norm. We can divide our attention most easily between information coming to us through different channels – which is why I can keep an eye on the stew while peeling the potatoes and listening to the children. I can even worry about the letter from the bank manager at the same time, but there are limits to my versatility. Air traffic controllers were once trained to do many things simultaneously: watch a radar screen, talk to pilots, track different flight paths, and read messages handed to them on paper. Provided the flow of traffic was manageable they could divide their attention in all these ways at once. However, during the development of safety systems, simulated tests of their capacity showed that if the flow of information was too great, or if they were tired, their responses became disorganized and even quite bizarre: standing up and pointing out directions to pilots thousands of feet up in the air and many miles away, or shouting loudly to get the information across.

It will be no surprise to learn that attention is a sensitive process. Many factors have been found to interfere with it, such as similarity between stimuli, difficulty of the task, lack of skill or practice, distress or worry, preoccupation or absent-mindedness, drugs, boredom, and sensory habituation. One reason why it is safer to use railways to transport people through a long underground tunnel such as the one under the channel between France and England, is that driving would be too risky. Without sufficient sensory variety perceptual systems habituate and attention wanders. We adapt, or habituate to stimuli that do not change, and orient towards something new. So lying quite still in the bath I will not notice the gradual temperature change until I suddenly move about.

What we actually perceive, in combining perception and attention, is thus influenced by internal factors such as emotions and bodily states as well as by external factors. People who fear social rejection more readily notice signs of unfriendliness than of friendliness, such as negative facial expressions, and hungry people judge pictures of food as more brightly coloured than pictures of other things. These findings confirm that so much of perception goes on outside awareness that we cannot be sure that there is a good match between what we perceive and reality, or between what we perceive and what others perceive. Psychologists have suggested that two kinds of processing are involved.

- *Bottom-up processing* starts when we see something out in the real world which triggers a set of internal cognitive processes. This 'stimulus-driven' processing reflects our responsiveness to the outside world, and tends to prevail when viewing conditions are good.
- *Top-down processing* reflects the contribution of conceptually driven, central processes. Even when reacting to light or sound waves each of us brings past experience (and attention) to the task, and if the viewing conditions are poor, or our expectations are strong, we will rely more on internal and less on external information.

Glance at the triangle in Figure 7 to see what it says. Did you notice the error? Most people do not do so at first, as their expectations about the well-known phrase (top-down processing) interfere with accurate perception (bottom-up processing).

Contemporary theories of perception have changed to take such observations into account. For example, Ulric Neisser suggested that we use 'schemas' built up from past experience to make sense of the world: our past experience leads us to form expectations about objects or events (schemas), and we use these schemas to anticipate what we are likely to encounter. Our schemas, which have been developing since infancy, direct our exploration of the perceptual world, so we sample incoming information, and modify schemas according to what we find. According to this view, perception is a continuous active cycle, rather than a one-way process or a passive snapshot of what is there (Figure 8). What we anticipate or expect affects what we perceive, but what is actually there affects what we anticipate. Imagine you are meeting a friend in a crowd. You expect he will look much the same as usual so you look out for a tall man with a beard and ignore short, clean-shaven ones. Suddenly your friend taps you on the shoulder. You have missed him because he shaved off his beard. If you modify your schema accordingly you may not miss him next time. So our expectations are continually changing and adjusting as we take in new information, and our perceptual system helps us to adapt in ways that some other animals cannot do. A frog catches a fly by perceiving its movement, and will die of starvation if surrounded by stationary (but edible) dead flies.

Learning from perceptual impairment: the man who mistook his wife for a hat

The complexities of perception mean that it can go wrong in many different ways. In *The Man Who Mistook His Wife for a Hat* Oliver Sacks describes what happens when more complex, interpretive perceptual abilities are seriously impaired. His patient was a talented musician, with no deterioration in his musical or other mental abilities. He was aware that he made mistakes, particularly in recognizing people, but not otherwise aware that anything much was wrong. He could converse normally, but no longer recognize his students, and confused inanimate objects (such as his shoe) with animate ones (his foot). At the end of an interview with Dr Sacks he looked for his hat, but instead reached for, and tried to lift off, his wife's head. He could not recognize the emotional expressions or the sex of people seen on TV, and could not identify members of his family from their photographs, even though he could do so by their voices. Sacks reports that 'visually he was lost in a world of lifeless abstractions', as if he had lost an important organizing principle. He could see the world as a computer construes it, by means of key features and schematic relationships, so that when asked to identify a glove he described it as 'a container of some sort' and as 'a continuous surface infolded on itself [which] appears to have five outpouchings . . . ' (p. 13). This severe perceptual impairment affected visual recognition more than other things: as if he could see without understanding or interpreting what he saw. Bereft of the interpretive aspect of perception, he came to a complete stop if he had to rely on visual information alone, but was able to keep going by humming to himself – by living in the musical, auditory world for which he was especially skilled. Although he could make hypotheses (about his wife's

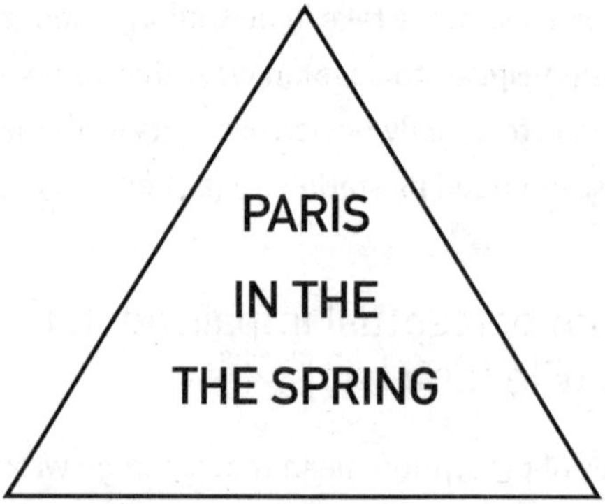

7.

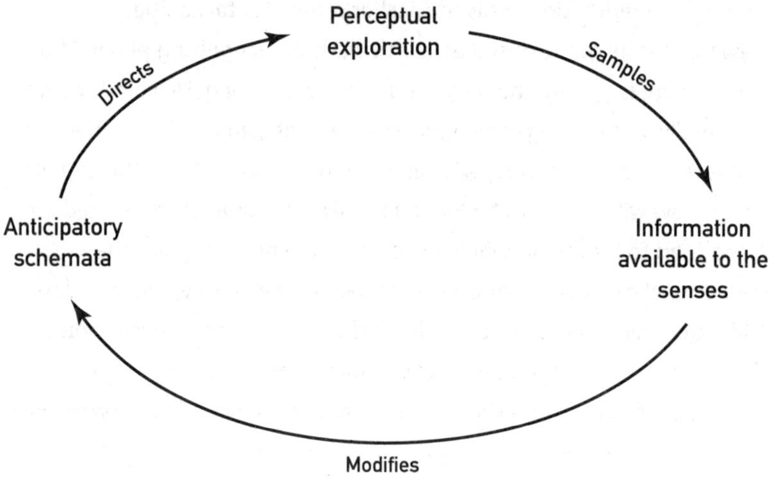

8. Neisser's perceptual cycle

head or the glove) – as indeed we do when looking at the Necker cube (Figure 2), he could not make judgements about those things. Studying carefully the selective impairment of high-level perceptual functions provides clues that help us to understand many things: the part that those functions play, not only in perception but in helping us to live in the real world; which functions are separately coded in the brain and where the organization of those functions is located.

So perception is the end product of complex processes, many of which take place out of awareness. Psychologists have now learned so much about perception that they can simulate a visual environment sufficiently accurately for trainee surgeons to use '*virtual reality*' to practise doing complex operations. Virtual reality creates the illusion of three-dimensional space, so that it becomes possible to reach round something or pass through 'solid' objects at the touch of a button. Perceptual systems are able to learn and adapt so quickly, however, that being able to do this is a mixed blessing. Surgeons who have practised like this sufficiently long to readjust their use of standard perceptual cues for moving around safely in three-dimensional space are especially prone to car accidents afterwards.

This introduction to the field of perception only starts to answer questions about what gets into the mind. The subject covers many more fascinating topics ranging from ideas about perceptual development to debates about the degree to which the processes involved in perception are automatic or can be intentionally controlled. The aim has been to illustrate the point that reality as we know it is partly an individual, human construction. Each of us makes it up as we go along, and psychologists help us to understand many of the conditions which determine how we do this. Knowing something about what gets into the mind we can go on to ask how much of it stays there, to become the basis for what we learn and remember.

Chapter 3
What stays in the mind? Learning and Memory

When you learn something it makes a difference. There is something you can do that you could not do before, like play the piano, or there is something that you now know that you did not know before, like what 'empirical' means. When something stays in the mind, we assume it is stored somewhere, and we call this storage system 'memory'. The system does not work perfectly: we sometimes have to 'rack our brains' or 'search our memories', but perhaps the most common preconception about what stays in the mind is that there is a place where it is all stored. Sometimes one cannot find what one wants, but it is probably there somewhere if only one knew where to look. But psychologists' discoveries about learning and memory demonstrate that what is stored in the mind cannot be adequately understood by using the analogy of the repository.

About memory, William James asked in 1890: 'why should this absolute god-given Faculty retain so much better the events of yesterday than those of last year, and, best of all, those of an hour ago? Why, again, in old age should its grasp of childhood's events seem firmest? Why should repeating an experience strengthen our recollection of it? Why should drugs, fevers, asphyxia, and excitement resuscitate things long since forgotten? . . . such peculiarities seem quite fantastic; and might, for aught we can see *a priori*, be the precise opposites of what they are. Evidently, then, *the faculty does not exist absolutely, but works under conditions*; and *the quest of the conditions* becomes the psychologist's most interesting task.' (*Principles of Psychology*, i. 3).

Understanding what stays in the mind still presents challenges to psychologists. Their studies have revealed many odd facts. For example, both experimental work and clinical observations show that memories for distant events have different characteristics from memories for recent events. People suffering from amnesia may retain childhood memories but find it almost impossible to acquire new memories – such as the names of people they have just met. Or they may remember how to tell the time but not remember what year it is, or be able to learn the layout of a new home. For some, new learning appears to be impossible, even though they can accurately describe their childhoods and repeat back to you a line of poetry you have just recited. They may readily learn new motor skills like typing, yet deny having ever seen a word processor before. Although the source of the damage in such cases appears to be located in a specific part of the brain (the hippocampus), no 'storeroom' where neural connections, or networks of interconnected 'wires' terminate, has been found. The processes of learning and memory, which we use unthinkingly every day, are thus intimately connected and so complex that it has not yet proved possible to build a computer capable of simulating them accurately.

We will start with learning, to illustrate how psychologists understand the different ways in which learning 'makes a difference'.

Learning: making the connections that last

We tend to assume that the ability to learn is determined by such things as how clever you are, whether you pay attention, and whether you persist when the going gets tough. But it turns out that there are different kinds of learning, many of which do not involve conscious effort or formal instruction. We are learning all the time, even if we are not attempting to do so, and some of the ways in which we learn are similar to the ways in which other animals learn, despite our greater capacity. Human learning is triggered in a number of different ways. The environments into which babies are born vary so enormously even in basics, such as how they are handled, fed, and kept warm, that adaptation is essential. Babies adapt so fast and so well because they are predisposed to learn, and because they respond particularly strongly to certain types of events: *contingencies* – what goes together with what; *discrepancies* – differences from the norm; and *transactions* – interactions with others.

Learning about contingencies allows one to make things happen: turn the tap and the water (usually) runs. By learning how to turn the tap on and off we learn how to control the flow of water. Tiny babies repeatedly explore contingencies: waving their arms about, they hit something that makes a noise and do this over and over again, until they can control the noise they make. This apparent fascination with contingencies is an important basis for other types of learning such as skill learning. Once you have mastered a skill you can do it without thinking and turn your attention to something else: when you can read words effortlessly you can think about their meaning. If you can play the tune automatically you can think about how to interpret the music.

Once you know what to expect, then discrepancies become fascinating – provided they are not too radical. Small changes in a child's world (a new type of food, sleeping in a different place) invite exploration and help the child to learn, but if everything is suddenly disrupted then the child becomes seriously distressed. In the same way, different ways of singing the song (playing the game) become interesting once you know its basic pattern. This ability to learn by making distinctions is lasting and fundamental. Older people are better at new learning when they already have relevant stored knowledge and are therefore noticing and adjusting to discrepancies, but worse at learning something completely new.

Transactions with others are necessary for survival for a human infant, and the way babies participate in these transactions, at first by crying and looking, and later by smiling and in more complex ways, enables them to learn about and control their worlds. A baby that cries when it needs something is engaged (however unknowingly) in a participation which influences others. It is not engaged in a power struggle, manipulating people for attention, but initiating a transaction that will help it to survive. If nobody responds, the baby eventually gives up and becomes apathetic, as if it had learned that there was no point. Babies (and indeed adults too) are particularly responsive to *contingencies*, *discrepancies*, and *transactions*, and these events trigger some of the basic processes involved in learning.

Perhaps the most basic of the many different kinds of learning is *association learning* or *conditioning*. *Classical conditioning* was first explored and understood by Pavlov, working with dogs in the 1920s. Having found a way of measuring their salivation in response to food he noticed that the dogs started to salivate before they were given the food. The reflexive, or *unconditioned response*, of salivation was triggered by things associated with the food, like the sight of the bowl, the person who brought the food, or the sound of the bell that was paired with the food (rung as the food appeared). Pavlov thought that virtually any stimulus could become a *conditioned stimulus* for salivation – the sound of a metronome, a triangle drawn on a large card, and even an electric shock, and he concluded that learning takes place when a previously neutral stimulus (a bell) is associated with an *unconditioned stimulus* (something to which we naturally respond, such as food). The variants, determinants, and limits of classical conditioning have been minutely studied, so we know how conditioned responses die away, or generalize to similar things; how emotions can be conditioned (a child's fear of the waves), and counter-conditioned (by holding a parent's hand while paddling) and new associations can be made quite dramatically in 'one-trial learning', as when a particular food makes you sick and you never want to touch it again.

'Boy, do we have this guy conditioned. Every time I press the bar down he drops a pellet in.'

9. Operant conditioning from another point of view

Operant conditioning, first investigated by B. F. Skinner, explains the part played by *reinforcement* in learning. Operant conditioning provides a powerful means of controlling what people (and animals) learn and what they do. The main idea is that if an action is followed by a pleasant effect it will be repeated – whether performed by a man or a rat. If pressing a lever brings with it a food pellet, a rat will learn to press the lever. The hungrier it is the faster it will learn, and the strength of its response can be precisely predicted by the rate at which the food pellets are dispensed. The rat will 'work' hardest if the pellets arrive intermittently and unpredictably (which is how fruit machines keep us hooked), and less hard if the pellets arrive after the same amount of time whatever the rat does. Hence, people paid at a constant rate for doing boring, repetitive work quickly lose motivation in comparison to those paid piece-rate. Using the principles of reinforcement, extraordinary feats of learning have been demonstrated, such as teaching pigeons to 'play' table tennis with their beaks by *shaping* their behaviour gradually in the right direction.

Operant conditioning has many practical applications. If you want a response to continue after it has been learned, such as getting a child to tidy its room, you should reward it intermittently, not continuously. If you occasionally reward a behaviour you want to decrease rather than increase (for example, angry outbursts, tantrums) you will strengthen the behaviour by mistake. If a reward arrives too late, it will be far less effective (thanking an employee a week after you received their report rather than immediately). Reinforcement thus provides the fuel for the learning machine, which works equally well whether the reinforcer is positive, in that it provides something pleasant, or negative, in that it takes away something unpleasant. If you miss the show you learn to plan ahead.

Skinner had strong views about punishment, which is easy to confuse with, but very different from, negative reinforcement. He believed that it was an ineffective way of helping people to learn because it is painful but uninformative. It works by discouraging a particular kind of behaviour without suggesting what to do instead. In fact, punishment raises complex issues. It can be effective, for example in reducing the self-injurious behaviour of some disturbed children, and it can be administered in mild but effective ways (a spray of water in the face, or *time-out* from the situation). But its effects may be temporary, or only effective in specific circumstances (adolescents may smoke with their friends but not in front of their parents). Punishment is not often easy to deliver immediately, it conveys little information, and may be unintentionally rewarding – a teacher's reprimand to one naughty pupil may attract reinforcing kinds of attention from others in the class.

Operant principles have been turned into effective *behaviour modification* techniques in many settings such as schools, hospitals, and prisons. Theoretically they provide the power to predict and control the behaviour of others. Using this power for the purpose of toilet training is one thing, but using it for political purposes is another. One reason why this sort of abuse of power may not be the risk that was once feared is that there is room, psychologically speaking, for an element of determinism and for an element of free will in the sequence of events that lead up to a person's actions. Association learning is not the only possibility. If you notice that an advertiser is associating a new car with sexual potency, you can decide to take it or leave it on more rational grounds. If someone is nice to you for non-genuine motives you may not find the contact rewarding, so the *contingency* may fail. Clearly, we can use other types of learning, and other cognitive abilities as well.

Observational learning, learning by imitating or watching others, provides a short cut, which bypasses the need for trial and error and immediate reinforcement on which association learning depends. Much of the learning that takes place in schools is of this type, and it can also explain how we acquire attitudes and information about the social conventions of the community in which we live (see Box 3.1).

Latent learning is learning that does not show up straight away. If you have looked at a map of a new city, or have travelled through it as a passenger, you will learn your way around it faster than someone who is completely new to it, and your learning advantage can be accurately measured. *Insight learning* occurs when you suddenly see the solution to a problem: how to fix the broken lamp. The understanding sometimes comes in a flash, and it is not clear whether it is purely the result of previous learning or whether it involves mentally combining old responses in new ways, as we do when we use the words in our language in new combinations so as to express our own ideas.

Cognitive theories of learning have moved away from the associationist view and tried to explain the influences of other processes, such as attention, imagination, thinking, and feeling. As soon as we start to look at the ways in which new learning interacts with what is already in the mind

Box 3.1. Observational learning: when others set a bad example

Young children watched someone playing with some toys, in real life, on film, or as shown in a cartoon. Sometimes the person hit one of the dolls. The children were then taken to the same playroom, to play with the toys, and some were frustrated by the experimenter removing the toy a child was playing with. Frustrated children tended to imitate the aggressive behaviour they had observed, and copied real life models more closely than filmed or cartoon models. Further studies show that children are more likely to imitate models similar to themselves (children of the same age and sex), and people they admire.

Bandura and Walters, 1963

the distinction between learning and memory becomes blurred. Memory, like perception, is an active process and not just a tape recording of all that you have learned. The more use you make of the material you learn (reading a French newspaper, speaking and writing to a French friend, watching French films, revising your grammar), the more you will remember. Material that is passively imbibed is easily forgotten and the differences that learning makes to what stays in the mind can be more fully understood by exploring the determinants of what we remember – by finding out how our memory works.

Memory: shadows, reflections, or reconstuctions?

The big issue about memory is still 'how does it work?' The following findings illustrate some of the difficulties. As early as 1932 Sir Frederic Bartlett showed that remembering is not just a question of making an accurate record of the information we receive, but involves fitting the new information into what is already there and creating a narrative that makes sense (see Box 3.2).

Box 3.2. 'The War of the Ghosts'

Bartlett read people an American Indian legend, following which partly depended on understanding of unfamiliar beliefs about a spiritual world, and found that the errors they made when remembering it were not random, but systematic. In the legend, someone watches a battle involving ghosts, recounts what he saw to others, and then suddenly succumbs to a wound received from a ghost. People made sense of the unfamiliar material by fitting it into their pre-existing ideas and cultural expectations. For example, 'something black came out of his mouth' was reproduced as 'escaping breath' or 'foamed at the mouth', and the people in the story were assumed to be members of a clan called 'The Ghosts'. Also, the changes they made when remembering the story fitted with the reactions and emotions they experienced when they first heard it. One subject said, 'I wrote out the story mainly by following my own images'.

Bartlett, 1932

Bartlett argued that the process of retrieval involves reconstruction, which is influenced by the frameworks that people already have in their heads. So memory, just like perception, is both selective and interpretive. It involves construction as well as reconstruction.

We are able to recall the meaning of events far more accurately than their details, and the meaning we give to them influences the details we remember. At the time of the Watergate trials, the psychologist Ulric

Neisser compared tape recordings of conversations held in the White House with reports of these conversations from one of the witnesses, John Deane, who had an exceptionally good memory. He found that the meaning of Deane's memories was accurate but that the details, including some especially 'memorable' phrases, were not. Deane was right about what happened, but wrong about the words used and the order in which topics were discussed.

At particularly important or emotional moments details tend to get better 'fixed' in our memories. However, even then the details remembered by two people present at the same event may be strikingly different. If I faced the blue sea and my husband faced the dark forest when we decided to marry each other, twenty years later we can argue about where we were at the time, and accuse each other of forgetting important shared memories, because one of us remembers the darkness and the other remembers the light. 'The past [. . .] is always an argument between counterclaimants' (Cormac McCarthy, *The Crossing*, p. 411).

How we decide between counterclaimants is still an important issue. It is possible that people brought up in painful and distressing circumstances, in which they felt neglected or victimized, later remember accurately the meaning to them of the events in their childhoods, but are incorrect about the details. This could explain some instances of *false memory syndrome* in which people are said to 'recover memories', for example of being abused in some way as small children, that turn out not to be accurate. It is also possible that the details of unusual or intense experiences *are* accurately remembered. The mistake is to believe that remembering details and believing that those details are accurate prove that the memories are correct.

Even when we do remember details accurately, the details we remember are not fixed in our memories, but remain changeable. If I witnessed an accident at a junction and am later questioned about details of what happened, such as whether the car stopped before or after the tree, I am likely to insert a tree into my memory even if there was none. Once that tree has been inserted it seems to become part of the original memory, so that I can no longer tell the difference between my 'real' memory and what I remember remembering later. So memories once told can be changed by the telling, and questions asked of witnesses in court ('did you see *a* broken head lamp' vs. 'did you see *the* broken head lamp') affect what is recalled without people knowing that this has happened.

People often wish for perfect, or photographic, memory. However, being unable to forget may have its disadvantages (Box 3.3), and the creative, rather inaccurate system of remembering and forgetting that we have may be well adapted for our purposes.

How do models of memory account for findings as diverse as these?

Box 3.3. The mind of a mnemonist

One man was able to remember huge series of numbers or words after seeing them for only a few seconds – he could repeat them forwards or backwards even after a gap of fifteen years. This man's memory appeared to work by making the information he received meaningful. He associated each part of it with visual and other sensory images, making the elements unique and 'unforgettable'. But these images subsequently interfered so much with concentration that he could no longer perform simple activities including holding conversations, and became unable to function in his profession as a journalist. The problem was that new information, such as the words he heard others speak, set off an uncontrollable train of distracting associations.

Alexander Luria, 1968

And what do they tell us about the function of memory? It has been proposed that three quite different kinds of memory store, which receive and lose track of information in different ways, are needed to account for observations about memory. The *sensory store* receives information from the senses (sights or sounds) and holds it in memory for about a second while we decide what to attend to. What we ignore is quickly lost and cannot be retrieved as it decays just as lights fade and sounds die away. One can sometimes catch an echo of what someone said when one was not paying attention, but literally a second later it has gone altogether. Paying attention to something transfers it to the *short-term store*, which has a capacity of about seven items. So we can remember a new telephone number for about as long as it takes to dial it. The short-term store has limited capacity and, once full, old information is displaced by new. However, continuing to attend to, turn over in one's mind, or rehearse information transfers it to the *long-term store*, which supposedly has unlimited capacity. This seems to imply that information in the long-term store need never be lost if only one knew how to find it. Forgetting would occur because similar memories become confused, and interfere with each other when we try to recall them. So, unless we have the mind of a mnemonist, one birthday party becomes confused with another and what we remember in the end is something about the significance of birthdays rather than exactly what happened when we were 5 or 10 or 15. General meanings are more important than details unless something marks those details for us (a 21st birthday or a surprise party).

So how can you establish what really happened? Or do we even need to? Evolutionary considerations may help to explain why memory works as it does. Our memory systems did not evolve because we need to catalogue the items and events in the world but because we need to adapt our behaviour. It seems that our minds, including our memories, adapt to fit our changing situations. There are things we need to remember, like how to read, what our friends are like, and what we have got to do next, and things we do not need to remember, like precise details of our past. Being hungry helps us to remember to buy something to eat, which is adaptive; if we are depressed, sad memories spring easier to mind, which may or may not be adaptive. It seems that having fragmentary memories, from which we can select according to our interests, and which we can organize in creative and useful ways is sufficient. With a few cues, reminders or partial fragments in mind, we can select, interpret, and integrate one thing with another so as to make use of what we learn and remember.

Thinking along these lines has led contemporary psychologists to think of memory as an activity, not a thing – or as a set of activities involving complex encoding and retrieval systems, some of which are now amenable to separate study. These systems, like the perceptual system described in Chapter 2, employ organizing principles. Information stays in the mind more easily if, for example, it is *relevant*, *distinctive* in some way, has been *elaborated upon* or worked with, and processed meaningfully as opposed to superficially. Organizing information we want to remember confers an advantage when it comes to remembering it (thinking of 'picnic food', or 'school lunches' as you walk round the supermarket). Some general principles of organization have been discovered, but at the same time each of us develops a personal organizational system based on past experience. So we encode, or organize incoming information differently, and have different priorities or interests when retrieving it. This helps us to adapt in the present: to avoid the people we find boring and to seek out the kind of work that feels satisfying. But it also means that our memories are not just 'snapshots' of the past. Just as we saw that perceiving and attending to the outside world helps us to construct a view of reality, so we now see that learning and memory are also active, constructive processes. Furthermore, the accuracy of our memories may be irrelevant for many purposes. In order to make the best use of what stays in the mind, it may be more important to remember meanings, and to learn how to find out the details, than to remember precisely what happened.

Chapter 4
How do we use what is in the mind?
Thinking, Reasoning, and Communicating

Behaving thoughtlessly, not stopping to think, being unreasonable or illogical, and being unable to express oneself are failings to which everyone is susceptible. The assumption is that when we do these things we are *failing*: we *should* think before we act, be thoughtful and reasonable, and be able to put straightforward thoughts into words. The skills involved in thinking, reasoning, and communicating have produced literature, medicines, the microchip, and meals for the family, and without them we would be unable to function in the ways that we do. But the mind, as we have already seen, is a creative instrument and not just a passive recipient of external information which it faithfully records, stores, and analyses, and it does not always operate according to the strict rules of logic. The investigations of psychologists show us that *cognitive skills* such as thinking, reasoning, and communicating are not merely products of rationality, and their value to us and the efficiency with which they work are not measured solely by the standards of rationality.

As the emphasis in psychology has shifted away from the study of behaviour and focused more on internal processes, the study of cognition has been approached from three angles: cognitive psychologists have developed increasingly sophisticated, laboratory-based, experimental methods; cognitive scientists have produced computer programs to create and test artificially 'intelligent' machines, and neuropsychologists have studied cognitive processes in brain-damaged patients. In this chapter we shall see that all three approaches have furthered our understanding of human cognition.

In order to think we must have something to think with. In Chapters 2 and 3 it was argued that the 'raw material', what gets into the mind and what stays there subsequently, is not solely determined by the nature of objective reality, but also by the organization of our perceptual and attentional abilities, and by the processes involved in learning and remembering. If we can organize our perceptions so that they make sense, recall information when it is needed, and use it to think, reason, and communicate with, then we can make plans, have ideas, solve problems, imagine more or less fantastic possibilities, and tell others all about it. Psychologists are still finding out more about how we do these things.

Thinking: the building blocks

Our understanding of *concepts*, the building blocks for thought that help us to organize our thinking and to respond appropriately to our experiences, comes from the work of philosophers and linguists as well as psychologists. Concepts are abstractions that simplify and summarize what we know; they contain general as well as specific information. For example, potatoes, carrots, and leeks are all vegetables that can be cooked and eaten. If we are told that celeriac is a vegetable, using this concept tells us (roughly) what to do with it. Concepts are formed through direct contact with objects and situations, and through contact with symbols, or signs for those objects and situations, such as letters and words. I can learn about cassava by eating, growing, or reading about it.

Using concepts allows us to represent what we know in symbols – to make one thing stand for another – so a 'T' can represent a sound made in speech, and the sign 'T' can also be used to represent something the same shape: a T-junction, T-bar, or T-shirt. Some concepts are more useful to us in everyday life than others (potato rather than vegetable or chip), and these 'basic concepts' are learned faster than those that are supposedly superordinate or subordinate to them. But even concrete concepts are surprisingly imprecise or 'fuzzy'. Carrots are definitely vegetables, but tomatoes or pumpkins may not be. One theory proposes that we organize concepts around a prototype, or set of characteristic features, and psychologists have found that the more an object differs from such a prototype the harder it is to learn, remember and recognize. *Prototype theory* has been useful in revealing some of the ways in which concrete concepts influence aspects of our thinking, but it accounts less well for our use of abstract concepts, such as 'talent', which may have no obvious prototype.

We tend to suppose that our conscious mind is in control most of the time. We think about what we are doing, solve problems, and make deliberate choices such as what to wear, eat, or say. We can also describe what we have done and reflect upon our activities, hopes, and fears. We suppose that, unlike the squirrel which seeks 'unthinkingly' for its hoard of nuts when woken by the warmth of spring, we consciously think about, control, and monitor our behaviour, and that doing so makes us into 'thoughtful' or 'rational' beings. The research carried out by cognitive psychologists over the last twenty-five years has now shown that many different processes go on beneath the surface when we think, and has changed our assumptions about the conscious, logical nature of thinking.

Thinking is not, for example, always a helpful thing to do. After prolonged practice some activities that once demanded careful thought, like typing or driving a car, become automatic and can be carried out simultaneously with other activities, like having a conversation or planning a holiday. We can do them 'without thinking', and if you ask an expert typist where on the keyboard to find a particular letter that person has to make a conscious effort, and may mimic the relevant movements, in order to answer your question. Subconscious mental activities can (sometimes) be brought into consciousness, if necessary. But thinking consciously about activities that have become automatic (changing gear, running downstairs) is remarkably disruptive. Relegating them to the subconscious increases efficiency, allowing us to do them without thinking even at the cost of occasional absent-mindedness – putting the frozen peas in the bread bin, or driving home and forgetting to make a planned detour to the postbox on the way. It leaves spare thinking capacity for more important matters. The study of such *cognitive failures* shows that they increase with stress, fatigue, or confusion, and in this case can be reduced by 'stopping to think'.

Non-conscious mental activities demonstrably affect us even though they remain outside awareness. Solutions to problems, or creative ideas, may pop into our heads apparently without previous thought when, for example, particular memories or knowledge are activated by cues of which we are unaware, enabling us to see new ways forward: how to negotiate a deal or secure a broken window. More surprisingly, we can also make a decision to act without being aware of doing so. Olympic sprinters can take off in less than one-tenth of a second, before they can consciously perceive the sound of the starting gun, and changes in brain activity can be identified before people are aware of their intention to move.

Even more dramatic perhaps are the discoveries about 'blindsight'. After a surgical operation, a patient who was left partially blind claimed to be able to see nothing in a certain portion of his visual field. However, he was still able to tell whether a light presented to this part of his visual field was present or absent, and could distinguish above chance level between moving and stationary objects. Although he thought he was guessing, his 'guesses' reflected perception of which he remained unaware. Thus thinking is not, psychologically speaking, synonymous with conscious deliberation. It may only be useful for us to become aware of thinking when having to make a difficult choice (whether to change jobs), when events happen that cannot be handled automatically (the car breaks down leaving you stranded), or when unexpected feelings arise (someone makes you wildly angry).

The concepts with which we think are constructions that do not have to be precise and fixed so much as effective when we are thinking, reasoning, and communicating. It is often supposed that these activities are most successful when they conform to rules that we have learned, such as those of logic and grammar. However in practice their success has many other determinants.

Reasoning: using your head

Reasoning involves operating with the information we have in order to draw conclusions, solve problems, make judgements, and so on. Philosophers and logicians distinguish three types of reasoning which are useful for solving different kinds of problems: *deductive*, *inductive*, and *dialectical reasoning*. Although these provide the basis for our rationality, they are demonstrably influenced by psychological as well as logical processes.

Deductive reasoning follows formal rules, allowing us to draw conclusions which necessarily follow from the premisses on which they are based. From the two premisses 'if I am thinking then I am consciously using my brain', and 'I am thinking' we can validly draw the conclusion that 'I am consciously using my brain'. The conclusion may be false if either of the premisses is false, but the reasoning remains correct.

Psychologists studying deductive reasoning have found some typical errors, such as difficulty accepting unwelcome conclusions – that smoking causes cancer – or in changing valued beliefs, for example that all mothers are benign. We are especially bad at thinking about what is *not* the case, as is shown in Box 4.1.

Errors using deductive reasoning often occur when the truth or falsity of the premisses is unknown, and because our thinking is biased towards reinforcing our current beliefs and away from accepting information that contradicts them.

Indeed our thinking is subject to many illogical but useful biases. A friend of yours is sitting at home watching a football game. He tells you that if his team wins he will go to the pub. His team loses, and you 'reasonably', though not 'logically', go to find him at home (even though he has told you nothing about where he will be in these circumstances). Deductive reasoning alone would not lead you to this

Box 4.1. Mistaken thinking

Subjects were asked: Is the following argument valid?

Premisses: If it is raining, Fred gets wet.
It is not raining.
Conclusion: Fred does not get wet.

Over 30 per cent of subjects made errors. No valid conclusion can logically be drawn, as the premisses do not indicate what happens to Fred if it does not rain.

When a third premiss is added: 'If it is snowing, then Fred gets wet' the error rate decreases significantly.

Evans, 1989

conclusion, but your 'irrationality' helps you meet up with your friend.

Inductive reasoning is the kind of reasoning upon which science mostly depends. Researchers make many careful observations and then draw conclusions that they think are probably true even though information yet to be discovered might show them to be false. It is commonly used in everyday life: 'Mary criticized what I said and dismissed my arguments out of hand'. 'Therefore Mary is a critical person.' Inductive reasoning allows us to come to conclusions that seem likely on the basis of our experience, and much of the time it works well. However, such probabilistic thinking can be wrong not only because unusual or rare events occur, but for many other reasons. One of the main ones is that we seek out information that confirms our conclusions (or suspicions) when we are in doubt, rather than going through the more logical, and informative, process of looking for information that would show we were wrong: in the example above for instance, that I had made many mistakes, rather than that Mary is always critical. As William James put it, 'a great many people think they are thinking when they are merely rearranging their prejudices'. Another problem is that we look for what we expect, and our expectations are affected by our feelings.

Reasoning is hard work, and often places a heavy load on memory. In practice we use many *heuristics*, or rules of thumb, to guide our thinking. Heuristics help us to solve complex problems. For example, the *availability heuristic* involves estimating the probability of a certain type of event on the basis of how easy it is to bring to mind relevant instances. The more readily available, the more likely it will seem to us to be. So the first thing I do when the printer does not work is to check whether I turned it on. My usual mistake springs readily to mind, and this simple action quickly solves the problem. So the heuristic brings with it problem-solving advantages that outweigh its disadvantages. The main disadvantage is that there are many determinants of availability – of what springs readily to mind – such as whether information has *recently* been thought about, is especially *vivid*, or is *emotionally charged*, and all of these factors may be logically irrelevant. So people who are frightened of flying tend to overestimate the likelihood of plane crashes, and to do so more dramatically if they have recently heard about a crash.

Dialectical reasoning is the ability to evaluate opposing points of view and to think critically so as to determine what is true or false or to resolve differences. It refers to the ability to use a range of reasoning skills when thinking, rather than to a type of logic or scientific method. Psychological difficulties with dialectical reasoning arise, for example, when it is important for someone to be right, or to have their beliefs accepted. Self-esteem can improve when people are right (or on the winning side) and fall when they are wrong (or on the losing side). Experience, feelings, and inclinations are amongst the many psychological factors that interfere with our ability to think with an open mind. In order to reason dialectically we need to absorb and remember much complex information, and to analyse issues dispassionately and critically. Our feelings and memories place measurable limits on our powers of reasoning. So does the 'packaging' of the messages we receive. For example, presenting political information on TV in 'sound-bites', shortened to be easily digestible and remembered, demonstrably interferes with critical thinking. Simplified ideas, presented to us in ways likely to divert or entertain, can be picked up even if watching TV mindlessly while doing something else. So thinking can be influenced by the way in which information reaches us, and psychological factors contribute much to the complexities involved in thinking and reasoning.

What we need now are good theories to explain and predict how human reasoning works, and why it is so hard to construct an adequate, artificial simulation of it. One of the most promising theoretical possibilities is that we form *mental models* representing what we know, and the validity or otherwise of conclusions based on the premisses we consider is assessed on the basis of those models. The processes of thinking and reasoning therefore depend upon the way in which we construct internal representations of concepts, and other thinking tools, such as images and propositions. Rather than standing or falling on the basis of their logicality, such processes succeed when they help us to operate in the world and fail when they do not.

Another approach to understanding how we use what gets into the mind is, therefore, to think in terms of the problems we have to solve. In most areas of life and much of the time, we are making judgements and decisions under conditions of uncertainty. We are thinking about what to do, or what will happen without knowing the answers. Will it rain? Can I afford a holiday? Will the children want to go swimming? How am I doing at work? At our disposal we have the ability to reason logically, and the ability to notice and avoid some of the most obvious sources of irrationality. We can behave as rational animals and we can also switch into automatic modes and behave mindlessly without putting our lives at risk (driving on the motorway while having an interesting conversation). In order to solve problems it helps to draw on internal representations, reasoning, and memory – and on all those 'reasonable' if not entirely rational cognitive abilities that help us to make decisions under conditions of uncertainty.

Problem solving has been studied by psychologists for about 100 years, and one of the topics in which they have been particularly interested is the way it is influenced by past experience – by information stored in memory. It sounds obvious that, in general, we solve problems more easily as we accumulate experience. This is known as the *positive transfer effect*, and it helps to explain why adults solve problems more easily than children, and experts solve them more easily than novices. Experts are better than novices at devising strategies for solving a chess problem for instance, but both novices and experts benefit from a period of *incubation* during which they are not (consciously) thinking about the problem at all. Once a strategy for solving a problem has been identified, it may take skill to apply the strategy (rescuing the curdled mayonnaise), and reasoning skills are needed to evaluate the progress being made. Experts are demonstrably better at recognizing patterns, retrieving relevant rules, and eliminating dead-end strategies. But experts can also fail to solve problems precisely because they use the same strategies and rules as they have used to solve previous problems. Developing a *mental set* prevents us having to reinvent the wheel each time we face a problem but slows us up when faced with a new set of difficulties. It is remarkable how blind experts can become.

Functional fixedness, or thinking about objects only in terms of their functions, is another kind of mental set that prevents problem solving. An envelope is something to put a letter into rather than a container for sugar when you are having a picnic. Solving the sugar problem requires thinking about envelopes in new and creative ways. Creativity has been

Box 4.2. Blinded by knowledge: mental set

University students were presented with a problem which involved looking at a series of cards on which were written the letters A and B, and working out the 'correct' sequence (e.g. the letter on the left should be selected on the first card, and the letter on the right on the second card). After several 'position sequence' problems had been solved, the type of problem was changed so that selecting the letter A was always correct and the letter B was always incorrect. 80 per cent of the students failed to solve this, trivial, problem within 100 trials, and none of those who had failed to solve the problem selected the correct solution from amongst six possibilities.

Levine, 1971

measured in various ways: for example, by testing the degree to which people think *divergently*, and explore ideas freely, generating many solutions, or *convergently*, and follow a set of steps which appear to converge on one correct solution to a problem. The more uses they can think of for common objects such as a brick the more divergent or creative they are said to be.

We know that creativity is present at an early age: that young children can use familiar concepts in new and imaginative ways, and that environments that foster independent thinking in a safe way produce creative people. Creativity is not only important in the arts, but also in science, at home (especially in the kitchen), and in the office, and it may even confer adaptive advantages, by fostering an inventiveness which can be needed in constantly changing conditions. Creativity requires flexibility of thinking and an ability to step over boundaries (see Box 4.3), and, surprisingly to some people, it is only weakly correlated with intelligence. Characteristics such as nonconformity, confidence, curiosity, and persistence are at least as important as intelligence in determining creativity.

Box 4.3. The 9-dot problem

Task: using no more than four straight lines, and without lifting the pen from the paper, connect all the dots in the diagram below.

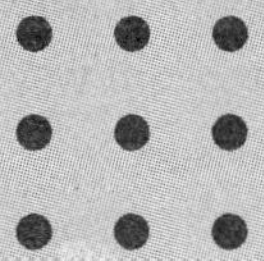

See page 54 for solutions.

Communicating: getting the point across

Whenever we combine the representations we have in our head in new ways, to make something new, to solve problems, or to express ourselves, we are being creative, and one of the most obvious ways in which we do this is in our use of language. But how are language and thought related?

The *theory of linguistic relativity* suggests that language fosters habits of thinking and perception and that different languages therefore point speakers towards different views of reality. Linguistic evidence is fascinating. It shows us for instance that Eskimos have many different descriptions for snow, that the Chinese have no common word for orgasm, and that the French language is rich in food metaphors. And we know that snow is important to Eskimos, that the Chinese are reticent about discussing sexual matters, and the French renowned for their cooking. We also know that we can learn each others' languages and can learn to perceive or understand the distinctions made in languages other than our own. But linguistic and cultural information alone does not prove that language influences thought. The experiment in Box 4.4 demonstrates how the combination of clear thinking and accurate observations helps to provide an answer to such questions.

The evidence is accumulating to show that language can influence specific mental skills, but the jury is still out on the relationship between language and thought. Psychological as well as linguistic knowledge is needed to answer the question about whether language influences thinking, and scientifically watertight ways of investigating this question have not yet been devised.

Work on the cognitive skills involved in thinking, reasoning, and communicating is still expanding. It covers the acquisition and development of these abilities, problems arising with them, interactions between them, and much else besides. Perhaps the point to emphasize

Box 4.4. Does language influence the acquisition of mental skills?

Asian children are consistently better at mathematics than English-speaking children and in their languages the names for numbers reflect a base-10 system. The label for 12 is 'ten-two' and so on. Some children from three Asian and three Western countries in their first year at school were asked to stack blue blocks, representing 10 units, and white blocks representing 1 unit, into piles to show particular numbers. More Asian than Western children were able to make two correct constructions for each number. The Asian children used two blocks representing 10 units more than the Western children, and the Western children used the single-unit blocks more than the Asian children.

Conclusion: language differences may influence mathematical skills.

The evidence is strengthened by the finding that bilingual Asian-American children also score more highly on mathematical tests than do those who speak only English.

Miura and colleagues in 1994.

is that, in order to function well and adapt as we go, we need to achieve a balance between mindlessness and mindfulness – to know when to snap into action or stop and think. If we operated entirely on the basis of logic, like a robot or Mr Spock, we would be unable to adapt flexibly to the complexities and uncertainties of the everyday world. Hence there are still some respects in which our abilities appear superior to those of artificially intelligent machines, even though the machines may have larger memories and be able to test hypotheses faster than us. In particular, of course, we have feelings as well as thoughts, which may help us to understand why we do the things that we do.

Solution to 9-dot problem, Box 4.3

This problem can only be solved by continuing some of the lines outside the boundary of the square defined by the dots, or by breaking the 'boundary' in some other way: e.g. cutting the dots into three rows and arranging them in one continuous line.

Chapter 5
Why do we do what we do? Motivation and Emotion

Feelings do not just give colour to our experience, or provide the emotional weather through which we travel. They serve a purpose. They provide an impetus to action, and we often explain our actions in terms of those things that we felt at the time: I thumped the table because I was angry, avoided speaking because I felt nervous, or found myself a drink because I felt thirsty. Motivations (hunger, thirst, sex) determine the goals towards which I strive, and emotions (happiness, frustration, despair) reflect the feelings I experience along the way. However, the two are often grouped together in psychology textbooks, and when not explained the juxtaposition can be mystifying. What have anger and thirst got in common, other than that you can 'feel' them? The main reason for treating them together is that they galvanize us into action. We talk about them as if they were forces within us, pushing us this way and that; forces that are felt in the body, which keep changing, and which may not always be understandable or logical. But they are not independent of other psychological factors. They both influence and are influenced by the processes described so far: perception, attention, learning, memory, thinking, reasoning, and communicating, and one of the problems for psychologists is to work out how these processes interact with feelings to explain why we do what we do.

Emotions organize our activities. They tell us what we want: to do well at work, a good meal, time out from all the hassle, and also what we do not want: another argument or increase in taxes. They bring with them a tendency to act in a particular way. Emotions can function as motives; a distressed or frightened child will seek comfort and security, or cry out for help, and (mostly) people seek to be close to those that they love. So logic is not enough. Imagine trying to decide what job to do, who to trust – or even marry – in the absence of feelings. All of the sophisticated mental equipment inside the human head has evolved so that when it functions well it helps us to get what we want and to avoid what we do not want. Motivations and emotions are the mobilizers of the otherwise purely mental machine – the fuel in the tank, and the way we behave, whether taking action or deciding not to do so, depends on the way in which feelings interact with the rest of the equipment.

Motivation: the pushes and prods

According to the *Oxford English Dictionary* motivation is 'the conscious or unconscious stimulus for action towards a desired goal provided by psychological or social factors; that which gives purpose or direction to behaviour'. Or, in psychological terms, as George Miller said: 'all those pushes and prods – biological, social and psychological – that defeat our laziness and move us, either eagerly or reluctantly, to action'. The motives behind our actions are guided by several forces: hunger is a biological motive, acceptance a social one, and curiosity a psychological one. So motivation is complex. Hunger, for example, is determined by external as well as internal factors – by the smell of newly cooked bread as well as by the emptiness of the stomach. If I am hungry I look for food, and the hungrier I am the harder I look and the longer I look for. Hunger determines the direction, intensity, and persistence of my behaviour – but it does not determine all aspects of my eating behaviour. I may also look for something to eat when I have an ache in my heart and not in my stomach, or just because that is my habit on entering the house.

Psychologists have categorized motives in illuminating ways. *Primary motives* help us to satisfy basic needs, such as those for food, drink, warmth, and shelter. These needs have to be satisfied to ensure survival, and they do not respond readily to attempts to control them voluntarily – one reason why it is so hard to diet. Some of them are cyclical (e.g. eating and sleeping) and the force with which they are felt increases and decreases in a more or less regular way. However, even these cyclical patterns are products of complex interactions – people who eat at regular times feel hungry if they miss a meal, whereas those who nibble all the time, or eat at irregular times, notice hunger pangs less.

Secondary motives (such as friendship or freedom – or 'honour, power, wealth, fame and the love of women' according to Freud) are acquired or learned, and the needs they satisfy may, or may not, be indirectly related to primary motives. Earning money enables me to satisfy a primary need for food and drink, but doing something creative like writing a story appears not to be related to a primary need. Some secondary motives are easily recognized: the need for friendship, or for independence, or being nice to someone out of guilt. Others may be outside conscious awareness, such as those things that I do to enhance or protect my self-esteem, or may be used as rationalizations for behaviour: avoiding conflict so as to keep others happy. In 1954

Box 5.1. Hierarchy of needs

self-actualization and personal growth
aesthetic experience
cognitive activity
self-esteem
love and belonging
safety
survival

Maslow, 1954

Maslow constructed a hierarchy ranging from lower level needs, satisfying which reduces deficiencies in physiological systems (needs for food and water), to higher level personal or abstract needs (Box 5.1).

Maslow believed that higher level needs will only emerge when lower level needs are satisfied. The value of this theory has mainly been in the impetus it provided to the development of humanistic types of therapy. Many people in modern societies feel unhappy despite having their basic physiological needs met, which suggests that personal growth and the need to fulfil one's potential are important motivating forces, and more significant and profound motivators in humanistic terms, than lower level physiological forces: 'man cannot live by bread alone'. However, the theory has little empirical support, and self-actualization, which has no clear definition, may in practice depend upon external factors such as educational, cultural, and economic opportunities at least as much as it depends upon motivation.

There is as yet no adequate theory of motivation that accounts for all that is now known about lower level motives, such as physiological needs, and about higher level needs in which cognitive factors are important, such as the desire to be liked and accepted. However, it is clear, when it comes to understanding why we do what we do, that we need to encompass both types of need. Two contrasting theories illustrate the ways in which psychologists have thought about motivation: *homeostatic drive theory* and *goal theory.*

The basic idea in homeostatic drive theory is that it is important to maintain a reasonably constant internal environment. Any move away from this, or imbalance, prompts action to restore the balanced state. The action is 'driven' by the sense of imbalance, and continues until the balance is restored: the physiological effects of hunger send us to the kitchen, and eating what we find there reduces the disequilibrium, or discomfort, caused by the hunger. *Drive reduction theory* incorporated ideas about reinforcement into this basic homeostatic theory, suggesting that behaviours that successfully reduce a drive, like eating a chocolate when you are hungry, will be experienced as pleasurable and thus be reinforced. The motivation to continue the behaviour decreases as the drive is satisfied. We should therefore slow down, or stop eating when no longer hungry. What we actually do will depend on a combination of motivation (the hunger drive – or perhaps just the need for pleasure), and learning (about chocolates, where to find them and how many of them one can eat before feeling sick). The theory explains some aspects of complex behavioural patterns (refusing to eat so as to get attention) quite well. Satisfying the need for attention may help to re-establish a normal pattern of eating. However, the notion of drives does not apply to other aspects of behaviour such as tasting a new Mexican salsa, or eating the parsnips so as not to cause offence. Social, cognitive, and aesthetic factors motivate much of our behaviour, and these cannot be explained by drive-reduction theory without postulating a drive to match every contingency: a drive to listen to Schubert, and another for listening to Miles Davis, or walking along the top of the hill.

In contrast, *goal theory* attempts to explain why we do what we do in terms of cognitive factors, suggesting that the key to someone's motivation is what they are consciously trying to do: their goal. This theory suggests that people will work harder, and use more resources, when the goal is harder to achieve, and the harder the goal the higher the level of performance. An experiment testing this theory in the work-place is described in Box 5.2.

Goal setting has been shown to improve performance in 90 per cent of the relevant studies, and it is especially likely to do so under the following conditions: people accept the goals set, they are informed about their progress, rewarded for achieving goals, have the ability to reach them, and are appropriately supported and encouraged by those in charge. These findings have been usefully applied in work settings,

10. Hill-walking: drive or goal?

although we still need to know why some workers set higher goals than others, and how the motivating forces mobilized by setting one goal interact with others (physiological or social and so on).

Different motives therefore interact differently with physiological, cognitive, and behavioural systems, so that homeostatic drives play a central part in determining primary motives, and cognitive factors such as goals are more influential in determining secondary motives. For many of the things that we do a complex set of motives is involved. Research findings in this field have many practical applications, for example in helping us to motivate people to learn and to work, and helping us to understand and combat difficulties in motivational systems, such as those that result in obesity and the difficulties of dieting.

Box 5.2. Doing your best

Hypothesis: People given the hardest goal should perform best.

Method: Three sets of workers were given the task of cutting and transporting wood, working in small groups. The 'do your best' groups were given no goal, the 'assigned' groups were given a pre-assigned, hard goal, and 'participative' groups were required to set their own specific hard goal.

Results: The do your best group transported 46 cubic feet of wood an hour, compared with 53 cubic feet for the assigned group and 56 cubic feet for the participative group.

Latham and Yukl, 1975

Emotion

It has been very difficult for psychologists to provide an adequate definition of emotion partly because measures of its components do not consistently correlate with each other. The five components psychologists distinguish are physiological (heart rate and blood pressure changes), expressive (smiling, frowning, slumping in a chair), behavioural (making a fist, running away), cognitive (perceiving a threat, danger, loss, or pleasure), and experiential (the complex of feelings experienced). I can smile when I am sad, and feel fearful without my heart rate changing, and this lack of correlation means that emotion cannot be properly studied and understood by measuring any one of its components.

Are there primary emotions, in the same way that there are primary colours? The issue is unsettled despite much cross-cultural and cross-species research, initiated by Charles Darwin. The facial expression of some emotions: for example fear, anger, sadness, surprise, disgust, and happiness, are sufficiently similar to be recognizable in people from different ethnic groups and also in many animals. However, possibly because of the lack of concordance between the five components of emotion, a much greater variety of emotions can be identified at the experiential than at the physiological or expressive levels, and of course there are as many types of smile and frown as there are people to express them and situations to provoke them. Complex emotions like guilt and shame, which are strongly determined by cognitive factors, such as what we think about ourselves, what we think others think, and internalized social rules, do not, so far as we yet know, differ physiologically and are easy to confuse if one relies solely on observable expressions.

Most of the time we experience mixtures of emotions, or shades of feelings as various as the colours we perceive, rather than pure states. Although there are common aspects of these feelings, so that you and I can both feel sad, recognize it in each other, and know what we mean when we talk about it, my experience of sadness will differ from yours. The meaning that it has for me, and the way in which I am able to express it, is determined by the way in which it fits into my world right now, by my past experience, memories, thoughts, reactions, and the ways in which others have previously reacted to my feelings of sadness. If they have told me to go away and stop bothering them I may hide it or find it hard to talk about. The point is that both the experience and the expression of emotions are products of complex processes which psychologists are only now beginning to understand.

11. A primary emotion, recognizable in one of the gargoyles on an Oxford college.

Different emotions appear to be governed by different parts of the brain; anger and sadness predominantly involve the right hemisphere while emotions such as happiness mostly involve the left hemisphere. Even week-old babies respond to different emotions differently in their two frontal lobes: a part of the brain that is known to have special significance for emotion. This could be because the two hemispheres are also differentially specialized for the control of muscles with the right hemisphere having better control over the large muscles involved in fight or flight. Whether this specialization confers other advantages is not known, but there is evidence that the part of the brain called the *limbic system* functions as an emotional centre, and that layers of convoluted grey matter (*cortex* and *neocortex*) developed later in evolutionary terms, thereby adding the ability to think about feelings, amongst other things.

Information travels speedily and directly into and out of the limbic system, only reaching centres of cognition later, thus making us susceptible to 'emotional hijacking': the burst of anger or paroxysm of fear that overtake us despite our having decided to remain calm and in control of our sensibilities. In extreme fear we may react 'primitively' by jumping out of the way of the juggernaut, thus saving our lives, or more thoughtfully, by calling appropriate emergency services. A primitive reaction to hunger might involve eating all the chocolates available, like a bear that gorges on autumn fruit before the winter cold starts, and a more reasoned one involves 'holding back', or not 'giving in'. So strategic behaviours are needed to combat the pressure from more primitive systems, and these give rise to all manner of complex emotions ranging from self-satisfaction to unsatisfied longing.

The evolutionarily primitive aspect of emotion helps to explain its power to disrupt thinking (see Box 5.3). When we are emotionally upset and complain that we can no longer think straight we are in fact quite correct. The frontal lobes play an important part in working memory, and they cannot function well when the limbic system (involved in emotion) is dominant and demands full attention. This observation focused the attention of psychologists on finding out how control over emotions is acquired, and it has many practical applications such as helping to change attitudes towards disruptive children who are slow to learn. Those who are distressed and disturbed will find it difficult to learn because of their high degree of emotional arousal, and their

Box 5.3. The pivot of the internal self . . .

'. . . the pivot of the internal self is emotion. This dominant "self-ish" brain lies in frontal lobe and limbic system linkages that appraise threats in the environment and organise quick actions. Human beings can override this usual mode of operation: actions can be reconsidered, we can learn and grow from experiences, conscious control can modify ineffective tendencies. But most often and most reliably, especially in eras long gone, feeling our way through worked best.'

from *The Evolution of Consciousness*, Ornstein, 1991: 153.

potential for school learning can be enhanced by alleviating their distress as much as (or more than) by increased teaching.

One of the most interesting unsolved problems in this field of psychology concerns the nature of the relationship between thoughts and feelings. Early theories of emotion focused primarily on the relationships between our experience of emotion and bodily changes, and on attempts to answer the chicken and egg type problem of which came first: the leap in the heart or the experience of the fear. These theories fail to explain how a particular perception is interpreted by the cognitive system: how we know that the situation we are in is dangerous, exciting, or safe.

Cognitive labelling theory (or *two factor theory*), developed in the early 1960s, stimulated a new approach to the study of emotion. According to this theory, emotional experience is determined by a combination of physiological arousal and the *labelling*, or interpretation, of the sensations experienced during that arousal. In order to test this theory ingenious experiments were devised that involved varying some components of emotion while holding others constant, as described

Box 5.4. Do I know what I feel?

Aim: To find out what will happen when people have similar physiological symptoms of arousal but experience emotionally different situations.

Method: Some research subjects, supposedly participating in a test of the effects of a new vitamin on visual skills, were injected with adrenaline (which is physiologically arousing) and others were injected with a saline solution. Only some of those injected with adrenaline were correctly informed of its effects. While waiting for the drug to take effect the subjects were put in a situation designed to produce either euphoria or anger (using a stooge).

Results: After the waiting period the emotion the subjects reported reflected the mood expressed by the stooge, and was clearly influenced by social and cognitive factors. Those who had received the adrenaline injection but had not been correctly informed of its effects were most emotional. They were most likely to report feeling relatively happy or irritable later according to how the stooge had behaved. Those subjects who had been correctly informed responded less strongly to the behaviour of the stooge and appeared to attribute their experience at least partly to the injection.

Conclusion: Our awareness of the situation we are in influences the emotion that we actually feel, but our physiological state *determines how strongly we feel it.*

Schachter and Singer, 1962

in Box 5.4. The findings from these experiments have been taken to demonstrate the role of cognition in the experience of emotion. What we experience is greatly influenced by cognitive factors; by what we know about a situation, by how we interpret what happens to us internally and externally and of course by what we have learned and remembered about such situations in the past.

Despite flaws in the experiments done at this time, cognitive labelling theory had a major impact, and subsequent research into cognitive aspects of emotion has contributed much to the understanding of emotional distress and to the development of psychological treatments. Cognitive therapies, particularly for depression and anxiety, are based on the idea that thoughts and feelings are so intimately related that changing one will change the other. As it is difficult to change feelings directly, cognitive therapies attempt to change them indirectly by working in therapy to change thinking, finding new ways of seeing things or developing new perspectives. For example, the loss of a relationship may be interpreted as meaning that I will never find another partner (a thought which makes me sad, and which makes it hard for me to get out and about to meet more people), but could also be interpreted as meaning that, although I am understandably upset, I still have the characteristics that my lost partner found attractive, and can still make new friends. In other words, understanding more about the cognitive aspects of emotion has helped us to understand more of the intricacies of the relationships between thoughts, feelings, and behaviour in general. In turn, this has guided the development of cognitive therapies which are demonstrably effective in helping people who are experiencing a wide range of emotional difficulties.

For many years experimental psychologists paid little systematic attention to feelings, making the assumption that useful explanations of human behaviour were more likely to be found elsewhere. Indeed, we do tend to assume that feelings get in the way, or that they interfere with otherwise rational behaviour, and some psychologists seem to have assumed that feelings were more properly the province of clinicians, whose understanding of feelings is informed by personal qualities such as sensitivity and the ability to empathize as well as by their knowledge of the more scientific aspects of psychology. This view, however, gives insufficient weight to the evolutionary functions of motivation and emotion.

Fear organizes us for flight; anger for attack. Of course, feelings such as anger can get us into trouble as well as out of trouble, but without them we might put ourselves at risk, and we also depend on them for defining goals and organizing ourselves to work towards them. It has even been argued that there is such a thing as emotional intelligence – a quality that varies between people, that can be more or less successfully employed to help us achieve our aims, and which psychologists should study carefully so as to discover how to assist in its acquisition, development, or increasing sophistication.

The study of motivation and emotion has contributed to clinical fields as widely different as those of psychoanalysis, humanistic and cognitive therapies, and the development of programmes for those who need help with primary needs such as eating, drinking, and sex and with secondary needs such as smoking and gambling. It has been able to do so because, in order to study feelings and to answer questions about why we do what we do, it has proved necessary to think in terms of many interacting systems: physical, cognitive, affective, behavioural, and socio-cultural. The complexity of doing this means that there is still much to learn. Our increased understanding of the interactions between emotional arousal and the capacity to attend, learn, and remember has had some practical uses. For example, we have stopped using lie detectors, which only measure one component of emotion and cannot therefore be reliable. The complexity of the field may explain why there is still debate about such important issues as the effects of watching scenes of violence on television, and the question of whether it is better to bottle up anger or to express it.

Chapter 6

Is there a set pattern? Developmental Psychology

The most obvious way in which people develop is physical: transforming them from tiny, helpless babies into more or less capable adults. However, development, and especially psychological development, does not end when physical maturity is reached – it continues throughout adulthood. The findings of developmental psychologists reveal what is developmentally typical and this has many practical uses in advising parents about what to expect at different ages, planning education programmes, determining when a child is not developing normally, predicting the effects of early experience on later behaviour, and creating appropriate opportunities for older people.

Developmental psychology is concerned both with mapping the changes that occur with age and with understanding how those changes take place – the *process* of development. Two questions are particularly important in looking at processes. First, does development take place in stages or is the process more continuous than that? And second, is development biologically determined by 'nature' (the genetically programmed process of physical maturation) or influenced by environmental circumstances (by 'nurture')? The concept of stages suggests that everyone passes through the same stages in the same order, reaching the later ones only by going through the earlier. It clearly is necessary to acquire basic before complex skills: to learn to count before learning to add, or to grasp before lifting, and rough stages of development are reflected in the terms 'baby', 'child', and 'adult'. But are there also finer stages? If so, how flexible are they? Observation suggests that development is not as fixed as the idea of stages suggests: most children crawl before they can walk, but some do not.

Exceptions to the rule led developmental psychologists to propose that there are *critical periods* in human development – that is, time periods during which events must occur for development to proceed normally. For example, if a human foetus does not receive the correct hormones before the seventh week, a genetic male may fail to develop male sexual organs until puberty triggers another bout of hormonal activity. There is some evidence that there are also critical, or at least sensitive, periods in psychological development. Case studies such as the one in Box 6.1 suggest that children who have not started to learn language by about the age of 7, find it very difficult to learn later.

Box 6.1. A case of extreme deprivation: Genie

Genie came to the attention of the authorities when she was 13. She had been treated extremely harshly by her parents – she spent nearly all the time alone and tightly bound. She was never spoken to and was beaten for making any sound. When she was discovered, Genie lacked many basic skills – she could neither chew nor walk upright, was incontinent, and understood little language. Genie was given intensive rehabilitation and eventually placed in a foster home. She made amazing progress in developing both physical and social skills. However, although she learnt to understand and use basic language, her grammar and pronunciation remained abnormal.

Genie's case is an extreme example of how environmental circumstances can affect development. The relative importance of genetic and environmental factors – the nature/nurture question – arises in many topics in psychology, but is of special relevance when thinking about development. Observations of extraordinary similarities between twins reared apart, for example in their preferences for certain styles of dress or music, suggest that predetermined pathways may not be modifiable during the course of development. However, more thorough work has now convinced most psychologists that components of both 'nature' and 'nurture' are required for healthy development. For example, the potential to learn a spoken language is inborn (nature component), but the rate of language learning, the form of the language, accent, vocabulary, and ability to use it to express complex thoughts or feelings, is determined by 'nurture', including cultural influences such as those affecting the different ways in which men and women use language.

What is inborn?

As already mentioned in Chapter 3, babies are born predisposed to learn. They are born with useful reflexes such as sucking and grasping, and babies only a few days old can discriminate voices and prefer looking at faces. At one month babies can discriminate sounds in order to gain a sweet taste. In all species, the young appear to be primed to learn skills that are useful – and human babies may be 'set up' with abilities that encourage care-giving from adults. For example, newborn babies cannot adapt the focus of their eyes as objects move closer and farther away, but focus at approximately the distance at which they are typically held. Similarly, newborn babies' exceptional ability to discriminate speech sounds allows them to recognize and show a preference for their mother's voice by the time they are three days old. It is even possible that some learning takes place in the womb – newborn babies respond differently to their mother's language than to other languages. However, an 'innate' potential (or ability) may guide and facilitate subsequent learning. The experiment in Box 6.2 suggests that babies are born able to organize and interpret the flood of sensory

Box 6.2. What do babies know about numbers?

Babies 6–8 months old were shown a series of pairs of slides, one showing three and the other showing two objects. At the same time as seeing a pair of slides the baby heard either two or three drumbeats from a central speaker. The babies tended to look longer at the slide that matched the number of drumbeats. So when there were two drumbeats the babies spent more time looking at the slide with two objects. These results suggest that babies can abstract numerical information sufficiently well to recognize similarity or to 'match' like with like. It is not suggested that they have specific knowledge about numbers, but that they have some innate ability that helps them to learn about them.

stimuli they experience, as if they were already using some elementary perceptual principles (such as those described in Chapter 2).

The child's development

More changes occur in the first few years of life than in any other time period. For example, you grow half your height and learn enough language to communicate basic needs by the age of 2. Although no formal training is required for children to learn basic skills such as walking and talking, there is much variation in the rate at which children learn these skills. Developmental psychologists have tried to find out what factors influence this process. Children who are raised in institutions where they get little attention or few opportunities to play develop at a slower rate than children in more stimulating environments. However, the detrimental effects of understimulation can be remedied by the opportunity to play for as little as one hour a day.

Observations of children raised in deprived environments suggest that when opportunities for exercise and movement are impoverished, there is some delay in both cognitive and motor development: as if playing helped a child to think. Such findings led developmental psychologists to question whether extra stimulation or training accelerated the development of children who were not deprived. This idea was tested by experiments like the one in Box 6.3.

Box 6.3. Does extra practice help babies develop?

One of a pair of identical twins was given a lot of early practice at a particular skill, such as crawling. Later, the other twin was given a brief period of practice and the performance of both twins was compared. In general, the twins performed about the same if the least practised one had had even a little practice. For basic motor skills, a little practice later (when the child is physically more mature) can be as good as a lot of practice earlier.

Personality and social development

If physical development is governed by experience as well as by the process of physical maturation, is this also true for other aspects of development such as personality and social development? Babies develop social responses very early indeed: 2-month-old babies of different cultures, and even blind babies, smile at their mothers – an action that is likely to strengthen the mother–child bond. The universality of smiling suggests that maturation is important in determining its onset. By 3 or 4 months babies recognize and prefer familiar people, but they remain friendly towards strangers until about 8–12 months old when a fear of strangers develops. Both distress on separation and fear of strangers decrease by the age of 2 or 3 when children are more able to take care of some of their own needs. These changes make evolutionary sense: the fear of strangers increases with mobility and then decreases with increasing capability.

It has been suggested that the child's bond with its *primary care-giver* (the person who does the majority of the caring for the child) is crucial in determining later psychological development. For example, in 1951 John Bowlby maintained that 'mother love in infancy and childhood is as important for mental health as are vitamins and proteins for physical health'. More recently, he has suggested that people with psychiatric disorders tend to show the kind of disturbance in their social relationships that could result from poor bonding in childhood. Developmental psychologists have investigated whether the quality

12. A child exhibiting attachment behaviour to her father.

and/or quantity of early relationships does indeed determine later functioning, and what factors influence early relationships.

A child's early relationships are often referred to as *attachments* – that is, relatively enduring emotional ties to a particular person (the *attachment figure*). Attachment can be measured by how much babies and young children seek to be near the attachment figure, and are generally oriented towards them, becoming upset when they leave and happy when they return. Attachments may enable children to feel secure in new settings, so they can explore both physically and psychologically, gradually increasing their independence and *detachment* from the attachment figure. Attachment normally peaks between 12 and 18 months and gradually declines after that, but its effects may persist.

Table 6.1 describes how developmental psychologists have classified the quality of children's attachments by observing their behaviour in a structured setting, called the *strange situation*, in which a child and its mother are in a room full of toys. After some time they are joined by someone who is a stranger to the child, then the mother leaves and returns a short while later. The child's behaviour is observed at all stages through a one-way mirror.

Although initially it was thought that babies were showing 'cupboard love' – that they became attached to their mothers primarily because they were the main source of food, experiments with monkeys such as the one in Box 6.4 suggest that this is not the case.

In humans, it seems that the most important factors influencing attachment are the child's temperament (its 'nature') and the attachment figure's *responsiveness* – understanding of and sensitivity to the child's needs. The attachment figures of insecurely attached babies tend to respond more on the basis of their own needs than to the baby's signals. For example, playing with the baby when it is convenient for them rather than when the baby shows signs of wanting to play. This may explain why a child's strongest attachment may not be to the person who does most of the physical caretaking. It seems that the quality of care is more important than the quantity in determining a child's attachments.

TABLE 6.1. Types of attachment

General description	Response to mother leaving	Response to mother returning	Response to stranger
Anxious-avoidant	Largely unaffected by mother's presence – pay little attention to her and do not appear distressed by her leaving.	Usually, these babies make little effort to contact mother on her return.	Usually are not distressed by stranger's presence. Generally treat mother and stranger in a similar manner, e.g. are as easily comforted by stranger as by mother.
Securely attached	As long as mother is present, they play happily. They are clearly upset when she leaves.	Immediately seek and gain comfort from mother, then resume play.	Friendly to strangers when mother is present, but are distressed in her absence. Clearly more attached to mother than to stranger.
Anxious-resistant	Have difficulty in using mother as a safe base for exploration, tend to become upset when she is not at hand, and very upset when she leaves.	Seem ambivalent towards mother when she returns, e.g. cry to be picked up then scream to be put down.	They resist the efforts of the stranger to make contact.

Box 6.4. Attachment in monkeys

13.

Infant monkeys were separated from their mothers shortly after birth and were given two substitute 'mothers'. Both substitute mothers were made from wire mesh with wooden heads. One was covered with foam padding and terrycloth, making it more 'cuddly'. The other was bare wire but dispensed milk from a bottle attached to its chest. The monkeys showed much more attachment to the 'cuddly' mother in spite of the fact that it was the other mother that gave them milk.

Effects of early experience

An important enterprise for developmental psychology has been to try to determine whether early experiences such as poor parenting affect later development, and if the effects of a deprived early life can be ameliorated. The experiments in Box 6.5 investigate this issue.

Box 6.5. Investigating the effects of early deprivation

Raising monkeys in total or partial isolation (where they can see but not touch other monkeys) has shown that such conditions lead to highly maladaptive behaviour – these monkeys were socially withdrawn and aggressive to their peers, they had difficulty mating, and often subsequently became abusive mothers. However, if the monkeys were reintegrated by three months, or if they were given even one playmate, they could develop normally. Other experiments involved raising monkeys with 'abusive mothers' – which were cloth monkeys that blasted the infants with cold air. These studies found that the 'abused' baby monkeys showed stronger attachments to their 'mothers'.

Although it would be unethical to carry out such experiments with human babies, case studies such as that of Genie (described in Box 6.1) give some information about the effects of early deprivation, and Box 6.6 describes a study which investigated how separation affects later development.

In general, studies suggest that infants who are securely attached are better equipped to cope with new experiences and relationships, and research is accumulating to suggest that poor attachment in infancy could be an early precursor on the developmental pathway to later

Box 6.6. The effects of separating babies from their parents

In one study of children who had been placed in care by the age of 4 months, it was found that those who had been adopted by the age of 4 years subsequently developed much better than those who had been returned to their natural parents, or those who remained in the institution. This may have been due to the higher social class of the adoptive parents, or because the 'returned' children went back to homes that still had many problems. These results show that the detrimental effects of early separation can be ameliorated, and that attachments formed as late as 4 years old can provide a basis for healthy development. Moreover, the finding that some of the children who remained in the institution were doing better than those returned to their natural parents contradicts Bowlby's view that 'mother love' is always best.

psychopathology. Such research findings can provide a sound scientific grounding for clinical theories, and may contribute to the development of better ways of relieving some clinical problems and helping parents to be better care-givers. Moreover, many studies show that the harmful effects of early experiences can be ameliorated, particularly if the child is still young when the conditions are improved. In fact, many researchers have been struck by children's resilience in that there is a tendency towards normal development under all but the most adverse circumstances.

Development over the lifespan

People continue to develop both physically and psychologically throughout their lives. Whilst changes such as puberty are at least partly due to physical maturation, others reflect a substantial degree of environmental influence. For instance, people tend to adopt a more sedentary lifestyle with increasing age but this may simply be a reaction to environmental changes such as retirement and decreasing social involvement and physical health. In 1968 Erikson proposed a stage theory of lifespan development which suggests that human development follows the pattern set out in Table 6.2.

TABLE 6.2. Stages of development

Stages	Psycho-social crises	Primary activity	Significant relationships	Favourable outcome
First year	Trust vs. Mistrust	Consistent stable care from parents	Main care-giver	Trust and optimism
2 to 3	Autonomy vs. Doubt		Parents	Sense of autonomy and self-esteem
4 to 5	Initiative vs. Guilt	Environmental exploration	Basic family	Self-direction and purpose
6 to puberty	Industry vs. Inferiority	Knowledge acquisition	Family, neighbours, and school	Sense of competence and achievement
Adolescence	Identity vs. Confusion	Coherent vocation and personality	Peers, in- and out-groups	Integrated self-image
Early adulthood	Intimacy vs. Isolation	Deep and lasting relationships	Friends and lovers; competition and cooperation	Ability to experience love and commitment
Middle adulthood	Generativity vs. self-absorption	Productive and creative for society	Divided labour and shared household	Concern for family, society and future generations
Late adulthood	Integrity vs. Despair	Life review and evaluation	Mankind, extended family	Sense of satisfaction; acceptance of death

This theory suggests that there are definite stages, each involving a specific task or *psychosocial crisis*, that everyone progresses through during a lifetime. For example, the main task of adolescence is seen as being a search for identity. Initially, largely on the basis of observations of adolescents referred for treatment, adolescence was seen as a turbulent period characterized by rebellion and rejection of authority figures. However, studying the general population of adolescents revealed that many do not rebel against authority but maintain good relationships with parents and teachers throughout. This is one example demonstrating the pitfalls which arise when observations are taken from a small and unrepresentative sample of the larger population. Subsequent studies investigating adolescents from all backgrounds have been more struck by the amount of *role transition* during this period. During adolescence many new roles such as that of worker or boyfriend/girlfriend, and adult-to-adult interaction patterns are acquired. Erikson suggests that the most important task during adolescence is the process of coming to terms with these new roles: finding a single, integrated identity, in spite of having to act differently in many new roles. As each stage lays the foundation for the next one, this coherent sense of identity is thought to lay the foundation for later relationships and productivity in adulthood. Without an integrated identity, Erikson thought that people would experience *identity diffusion* and would have difficulty forming relationships, planning for the future, and achieving their goals. Without a clear sense of who we are, deciding what we want from the future is difficult.

Studies of declining cognitive functioning with increasing age also demonstrate the pitfalls of looking at subsamples of the population. Studies comparing intelligence test scores in groups of older and younger people showed that younger people had higher IQs, suggesting that intelligence declined with age. However, these studies failed to take account of the *cohort effect* – social determinants of performance on IQ tests and the fact that intelligence scores of the whole population had increased with better education and nutrition.

When intelligence was measured repeatedly in the same people there was no evidence that it declined with age; rather, it increased slightly for those who continued to use their minds. Similarly, the supposed deterioration of memory with age does not stand up well to scientific investigation but suggests that the system responds to the demands you make of it. Comparisons of memory for everyday events show that older people perform slightly better than younger ones, possibly because they are more concerned about their memories and are more attentive and motivated during testing. The myth of declining memory with increasing age appears to be partly due to a self-fulfilling prophecy: because people expect to become more forgetful they try less hard and notice forgetting more than remembering. It appears that as long as people continue to keep their minds active, they need not expect a noticeable decline in their mental abilities until very late in life (in the absence of medical conditions such as dementia).

Although there is little scientific basis for the myth of declining intellect with age, there are some changes in behaviour that are typically associated with ageing. For example, in Western societies older people tend to be much less prominent than other age groups. *Disengagement theory* proposes that, as people age, a biological mechanism is activated and encourages them to gradually withdraw from society, just as an animal creeps away to die once its evolutionary function (ensuring the survival of its offspring) has been fulfilled. However, the analogy is a poor fit because in humans this process of disengagement does not tie in with the end of child-rearing, nor is it associated with poor physical health. In contrast, *activity theory* explains the disengagement of older people as a societal process: there are fewer roles for older people to play in society, and retirement may reduce opportunities to play a valuable part in everyday living. Although some people replace their working roles with other valuable activities, others do not, and may feel useless or isolated. The effects of changes in activity associated with ageing may be exacerbated in Western societies by 'ageism'. Stereotypes of older people are generally negative – that they are less intelligent, sickly, lazy, rigid in their views, and bad-tempered. As with other forms of prejudice such stereotypes are largely false – for example, it is the exception rather than the rule for older people to become confused. Like other prejudices, ageism can be self-maintaining in that positive contributions made by older people are overlooked while negative factors are remembered (see Chapter 9 for a fuller description of prejudices and how they can be overcome).

We have seen that many biological, social, and environmental factors influence developmental processes. Although there is a rough pattern for development, and self-righting tendencies stimulate constant adaptation, there are also many potential pitfalls. Because development is such a complex process, we should be cautious in interpreting differences between different age groups as such differences could result from changes over the generations, rather than from ageing itself. Nevertheless developmental psychology can indicate which factors affect development adversely and which do not, in fields as diverse as moral development, language acquisition, and the development of thinking and gender identity. Future challenges for developmental psychologists focus on finding ways of ameliorating the effects of negative early experiences, finding remedies for when development is not proceeding normally, and looking at ways of enhancing adjustment throughout the lifespan.

Chapter 7
Can we categorize people? Individual Differences

While the previous chapter looked at typical developmental processes and patterns, emphasizing the similarities between people, this chapter is concerned with differences between people. Most of us prefer to think of ourselves as unique individuals, but is it possible to categorize the differences between us, and is it possible to identify the determinants of such differences? On the practical side, psychologists have developed ways of measuring people so as to find out more about the similarities and differences between them. These psychological assessments often take the form of paper and pencil measures such as aptitude or achievement tests, which are used to measure abilities or accomplishments, or to assess suitability for particular educational or occupational positions.

Psychological measurement

Psychological tests or *psychometric instruments* need to be both *reliable* and *valid* – that is, they should consistently measure the variable that they claim to measure. For example, a test of reading ability would not be considered a good test if it gave the same person very different scores when tested a few days apart (low reliability). Similarly, the test would lack validity if a person who could not read well scored highly on it. In order to be useful, psychological tests must also be *standardized*, which means that there must be an established set of 'norms' against which to compare individual scores.

Standardizing tests involves giving the test to a large group of the type of people it is intended for, and using statistics to calculate *norms* – to work out what is an average score, and what proportion of the population score different amounts above or below this average. These norms can then be used to interpret an individual's test score. For instance, IQ tests are the best-known example of a psychometric test, and they are designed so that the population's average score is 100, and that 95 per cent of the population score between 70 and 130, so someone scoring 132 can be judged to be well above average (in the top 2.5 per cent). Psychologists have also found that the way in which a test is administered and the conditions of testing can influence the results. If the lighting is poor, or the person does not hear or understand the instructions, then their score may be artificially low. Thus, the conditions under which the test is administered must also be standardized – the test must be given to each person in exactly the same way, under similar conditions, if the results are to be valid.

Psychometric tests are used to assess a wide variety of abilities and attributes and this chapter will focus on the two facets of individual differences that have been most intensively studied and measured – intelligence and personality. As in other areas of psychology, there has been much debate about whether individual differences in intelligence and personality result from inheritance or from environmental influences (nature or nurture).

Intelligence

Despite being one of the most important concepts in psychology, intelligence is one of the most elusive to define. Intelligence can simply be viewed as the ability to respond adaptively to one's environment, but this ability to respond adaptively may involve many aspects – such as being able to think logically, rationally, and abstractly, as well as the ability to learn and to apply this learning in new situations.

Psychologists have questioned whether intelligence is a common thread underlying all mental processes or whether it reflects several different factors or types of intelligence. The abilities of *idiot savants* – people with low IQs but one extraordinary ability, such as being able to name the day of the week of any date in the last ten years – suggest that an individual can have vastly different abilities in different areas. Furthermore, a question of great practical interest has been whether intelligence is predetermined (inborn), or whether it can be learnt or enhanced in any way.

Intelligence tests

One of the simplest definitions of intelligence is to define it as 'what IQ tests measure' – a circular definition that raises issues concerning the relationship between IQ tests and definitions of intelligence. The way in which intelligence is defined influences the tests that are designed to measure it. For example, a *two-factor model* supposes that intelligence is made up of a general factor and specific factors, whereas other models suggest that there are a number of independent specific factors such as numerical reasoning, memory, musical ability, word fluency, visuo-spatial ability, perceptual speed, insight into oneself, and understanding of others, but no single general factor. Another approach has been to examine the processes involved in intelligence, such as the speed of processing, how information is represented internally, or the strategies used to solve problems.

Disagreements concerning definitions of intelligence lead to difficulties in constructing tools to measure it: any intelligence test is based on a particular definition or conceptualization of intelligence and thus may reflect the biases of the investigator. For example, timed tests place more emphasis on the speed of processing, whereas other tests may be designed to measure separate 'specific factors' or an innate general ability. Box 7.1 gives some examples of the items used in intelligence tests.

Box 7.1. What intelligence tests ask

Most intelligence tests contain several subscales, consisting of different types of questions. Some may simply ask for information with questions such as 'how many months are there in a year?' or 'what is the capital of Australia?' Other subscales may assess the person's digit-span by asking them to repeat increasingly long strings of numbers forwards or backwards, or assess their arithmetic by asking questions like 'raffle tickets cost 76 pence each, if I bought six tickets how much change would I get from £10?' Vocabulary or comprehension may be assessed by asking for definitions of common words, or by asking what the similarity is between word pairs such as 'orange-banana' or 'reward-punishment' (you would need to say that they were both a means of influencing the behaviour of others to get the maximum points). Other subscales may involve arranging pictures in the best order so they tell a story, or may be more practical such as arranging blocks to copy a design or doing jigsaw-like puzzles.

Intelligence tests usually give a score expressed as an *Intelligence quotient* or IQ. As mental ability increases during the first eighteen years of life, the 'raw' test scores must be adjusted in the light of the person's chronological age. This is done with reference to norms for the person's age group. For children, scores are sometimes expressed as a *mental age*. Thus a particularly bright 7-year-old child, who performs as well as the average 10-year-old, could be said to have a chronological age of 7 but a mental age of 10.

Although they are widely used, intelligence tests have been criticized on many grounds. A fundamental difficulty is that they do not measure intelligence itself, but attempt to measure the qualities that are thought

'You can't build a hut, you don't know how to find edible roots and you know nothing about predicting the weather. In other words, you do *terribly* on our IQ test.'

14.

to reflect it. They have been validated primarily in terms of educational achievement, which may be less of a product of intelligence and more a product of other factors such as social class, opportunity, and motivation. Furthermore, intelligence tests are based on the idea that intelligence is an accurately measurable quantity, unaffected by temporary factors such as the situation, the person's state of mind, motivation, or recent experience. In fact, IQ scores are affected by temporary situational factors, and furthermore, they can be increased by practice at doing IQ tests.

A particularly controversial result of intelligence testing has been the finding that black Americans score significantly lower than white Americans on standard intelligence tests. In fact, most ethnic groups score lower than white middle-class groups on IQ tests. This finding has been interpreted by some as 'evidence' that some races are intellectually inferior, but other results, such as the finding that German babies fathered by black and white American soldiers have similar IQs, show that the difference between blacks' and whites' IQ scores is not due to genetic inferiority of blacks. It is much more likely that it reflects a deficit in standard IQ tests – they are biased in favour of white middle-class cultures. Questions such as being asked who led the country during a certain war may be biased towards those who have been educated in Western societies, who had relatives living in the country during that period, and who have a good command of the English language. There have been attempts to construct 'culture-fair' tests, which do not ask for culturally biased information and may not use language at all (see Box 7.2 for an example). However, it has proved

Box 7.2. 'Culture-fair' intelligence test questions

The subject is asked to choose which of the four items on the right best fits the pattern on the left.

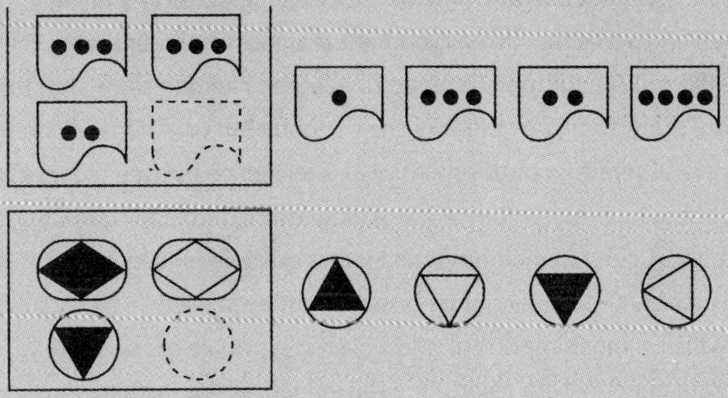

almost impossible to be fair to more than one culture at a time. Furthermore, if intelligence is defined as the ability to respond adaptively to one's environment, some would argue that a bias towards white middle-class cultures is a realistic bias, given the current domination of these cultures in many societies.

One suggestion that reconciles some of the disagreement about what intelligence is, and whether it is inborn, is the view that there are two basic types of intelligence: one that reflects a genetic potential or an inborn basic ability, and another that is acquired or learnt as experience interacts with potential. In 1963 Cattell suggested that 'fluid' intelligence is the inborn ability to solve abstract problems, whereas 'crystallized' intelligence involves practical problem solving and knowledge, which comes from experience.

Is intelligence influenced by the environment?

Psychologists often attempt to find out if something is determined by the environment or by genetics through studying identical twins (who are genetically identical) who have been brought up in different environments, or by looking at the similarity in intelligence between family members who are more or less closely related. The evidence from these studies supports both cases. For example, the similarity in intelligence between identical twins brought up together is much greater than that of those who have been separated early in life, suggesting a role for the environment in the development of intelligence. Furthermore, studies of adopted children show that their IQs are more similar to those of their adoptive than biological parents. However, there is greater similarity of intelligence between identical twins than between fraternal twins, suggesting a role for genetics! So both genetics and environmental factors exert an influence on intelligence, and it may not be possible – or even useful – to try to work out which is most important. Moreover, it is not always possible to separate genetic from environmental influences: for instance, a separated twin or adopted child may intentionally be placed in an environment that is similar to its original home, or the environment may influence the way in which a genetic potential is realized, as when mothers with lower socio-economic status receive poorer prenatal care, and have smaller babies.

Can intelligence be increased?

A question that is of greater practical use is whether intelligence can be enhanced by environmental influences. Even minimal interventions such as giving dietary or vitamin supplements have been shown to increase children's IQs by as much as 7 points, possibly through their effect on general health and thus, on factors such as energy, concentration, and attention. There is also evidence showing that the amount of parental attention a child receives affects its IQ – this may explain why there is a significant correlation between birth order and IQ, because the first child usually gets more attention, which may enhance IQ. Studies such as the one described in Box 7.3 suggest that educational interventions may also have an effect on later attainment.

Similarly, other studies have found that day-care interventions can increase IQ and so can the type of school. In one study children who went to more academic schools showed an average increase of 5 IQ points whereas those who went to less academic schools showed, on average, a decrease of 1.9 points.

What can be concluded from these studies on intelligence and IQ? First, there has yet to be agreement on a definition or model of intelligence. While we all have a general idea of what intelligence is, we use the term to describe many different things and this may be because it does in fact have a number of aspects which are more or less closely related to each other. The difficulties in agreeing a definition of intelligence are reflected in the tests that are used to measure it, and hence they do not always appear to be fair measures (e.g. they are biased towards white

Box 7.3. Headstart project

The headstart project was intended to compensate American pre-school children for the effects of a disadvantaged environment. Day-care centres were set up to provide these children with extra stimulation and education, and their cognitive and social functioning was compared, over several years, with that of children who had not attended day-care centres. Although the initial results were discouraging, suggesting that any advantage for the 'headstart' group was short-lived, later reports found that there was a 'sleeper effect' – the headstart group scored higher on ability tests and this advantage increased as they got older. On a practical level, the children in the headstart group were less likely to be in a remedial class or to repeat a year at school, and were more likely to want to succeed academically. There was also an effect on the parents – the mothers of the 'headstart' children reported more satisfaction with their children's school work and had higher occupational expectations for their children.

middle-class cultures). It seems likely that intelligence is too complex and poorly defined a construct to be reflected by a single number such as IQ. On the practical side, studies of intelligence have shown that while IQ is determined by both genetic and environmental influences, it is possible to manipulate environmental circumstances to produce enduring benefits, both in terms of IQ and achievement.

Personality

As a concept, personality is possibly even more central in psychology, and even more difficult to define than intelligence. Loosely speaking, personality reflects a characteristic set of behaviours, attitudes, interests, motives, and feelings about the world. It includes the way in which people relate to others and is thought to be relatively stable throughout life. One of the motivations behind psychologists' efforts to identify and measure the ways in which people's personalities differ is to be able to predict their future behaviour, so as to anticipate, modify, or control such behaviour. However, measuring personality suffers from similar difficulties as those inherent in measuring intelligence because, like intelligence, it cannot be measured directly – it can only be inferred from the behaviours that are thought to reflect it.

Several theories of personality have been proposed and the main approaches are summarized in Table 7.1.

Each of the different approaches in Table 7.1 reflects a comprehensive theory and it is not possible to cover any of them in depth here. Instead we will highlight some of the main ways in which they differ and use Eysenck's (1965) theory of personality, which combines elements of both the type and trait approaches, as an example.

Different theories of personality vary in the degree to which they see behaviours as determined by people or by the situations they are in, and we tend to overestimate the importance of personality in explaining another's behaviour (*fundamental attribution error* – see Chapter 9). However, the situational and behavioural approaches may go too far when they suggest that all variation in behaviour is determined by situational factors or conditioned by patterns of reinforcement. If this were the case then we would not be able to think of examples of when someone else responded differently from how we would have ourselves in an identical situation.

Approaches to personality also vary in the degree to which they see people as *types* or as having more or less of certain *traits*. Type theories tend to emphasize the similarities between people whereas trait approaches stress the differences between individuals and their

Table 7.1.

Approach	View of personality
Categorical type	People are fitted into broad categories, with each type being qualitatively different from others e.g. type A or B; introvert or extrovert.
Trait	A descriptive approach in which people are defined according to how much of each of a list of traits they have, e.g. high conscientiousness, low introversion.
Behaviourist	Views personality as merely a reflection of the person's learning history – they simply repeat the responses that have been reinforced in the past.
Cognitive	Sees beliefs, thoughts, and mental processes as primary in determining behaviour across situations.
Psychodynamic	Based on Freud's work and sees personality as determined by intrapsychic structures (i.e. the id, ego, and superego) and by unconscious motives or conflicts from early childhood.
Individual	Emphasizes higher human motives and views personality as the individual's complete experience rather than as having separate parts.
Situational	Suggests that personality is not consistent but is merely a response to the situation. We learn to behave in ways that are appropriate to the situation through reinforcement.
Interactive	Combines the situational and trait approaches, so suggests that people have a tendency to behave in certain ways but that this is moderated by the demands of different situations.

inherent uniqueness. Eysenck's approach combines both: he used complex statistical techniques to analyse and group together the hundreds of traits shown by large numbers of people (e.g. optimistic, aggressive, lazy). Initially he came up with two groupings in the form of dimensions: introversion–extroversion and stability–neuroticism, and he has since added a third, intelligence–psychoticism, which is unrelated to the other two dimensions. Each dimension is made up of a number of traits and someone who is high on one trait is thought likely to be high on the other traits in that dimension – giving an overall type. Eysenck's theory of personality is illustrated in Figure 15.

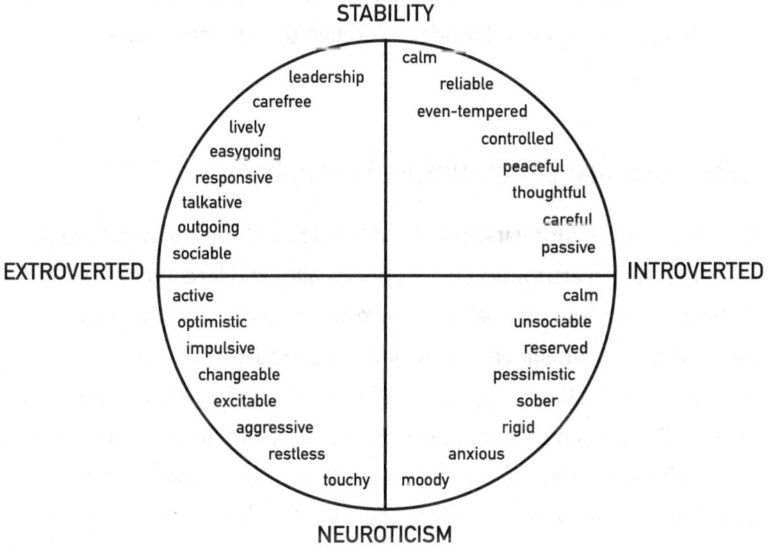

15. Eysenck's personality types

Most people score somewhere in the middle on the introversion–extroversion and neuroticism–stability dimensions, but the majority score lower on psychoticism. Eysenck proposed a biological basis to his theory; suggesting that these personality dimensions were related to biological differences in brain functioning. For example, he proposed that extroverts have lower *cortical arousal* (activity level in the area of the brain that is thought to be responsible for moderating arousal levels) and thus they seek more stimulation and excitement than introverts. In contrast, introverts are thought to be more socially conforming, more sensitive to reinforcement, have lower sensory thresholds, and therefore feel pain more easily. However, there is only limited support for biological differences between different personality types. A psychological test has been developed to measure the dimensions of Eysenck's theory and it uses questions such as 'do you like talking to people so much that you never miss the opportunity to talk to a stranger?' and 'can you easily get some life into a dull party?' to indicate extroversion. Answering 'yes' to questions such as 'do you often worry about things you shouldn't have done or said?' and 'are you troubled by feelings of inferiority?' is taken to indicate greater neuroticism.

What use are psychological tests?

One of the main motivations behind the development of psychological tests measuring attributes such as personality and intelligence has been to be able to predict behaviour. However, the evidence suggests that personality and intelligence may not be as fixed as the concept of psychometric testing suggests. While there is evidence that some personality traits remain relatively stable, particularly after adolescence and early adulthood, there is mixed evidence about whether such personality traits predict the individual's actual behaviour in a given situation. This *consistency paradox* reflects the fact that we tend to see other people as being relatively consistent, as in 'John is the outgoing type', yet research studies found that such traits did not predict a person's actual behaviour in a given situation very well. Examining behaviour across a range of situations shows that personality traits predict behaviour better at the general level (i.e. John was outgoing in the majority of situations), and similarly we can predict an equal number of heads and tails when repeatedly tossing a coin, without being able to predict the outcome of the next toss. In this case, behaviour is influenced by many variables – not only by external ones but also by internal ones such as mood and fatigue.

There has also been much interest in whether IQ predicts behaviour.

While there is a relationship between IQ and aspects of intelligent behaviour such as job performance, it is not a strong relationship and within most occupations there is a wide range of IQs. In fact, some studies suggest that socio-economic background is a better predictor of future academic and occupational success than IQ. A long-term study of children with very high IQs found that some became very successful adults but others did not, and there were no differences in IQ between the two groups. There were, however, great differences in motivation: the more successful ones had much more ambition and drive to succeed.

Although psychologists have made significant advances in quantifying and measuring the differences between people, some caution is needed in using such information. In interpreting any single test score it is vital to remember that many factors may have influenced it, including genetic potential, experience, motivation, and conditions of testing. Thus, single scores such as those provided by an IQ test cannot be seen as defining the limit of a person's ability; rather they should be viewed as an indication of their current level, or the approximate range within which they would generally fall. Other dangers associated with psychometric testing arise from value judgements about certain scores – for example, it may be implied that higher scores are better, and thus that people who achieve them are 'superior'. In its most extreme form, this argument can be used for social and political purposes to support ideas such as eugenics and to discourage people with lower IQs from reproducing. But generally speaking, knowing more about how to measure the ways in which people differ according to dimensions such as intelligence and personality has helped us to understand more about the number of contributing variables, the potential for change, and the relationship to achievement.

Chapter 8
What happens when things go wrong? Abnormal Psychology

The previous chapters have been concerned with typical human behaviour, and with the individual variation within what is considered normal. In contrast, abnormal psychology is concerned with behaviour that is atypical and with mental disorders and disabilities. Despite this contrast, the information that has arisen from the study of normal behaviour has helped us to understand abnormal behaviour. It is only by understanding how the processes involved in normal functioning work (e.g. cognition, perception, memory, emotion, learning, personality, development, and social relationships) that we can begin to understand what happens when they go wrong. This chapter will look at how we define 'abnormal' behaviour, how we categorize it and attempt to understand it.

What is 'abnormal' behaviour?

Extreme forms of abnormal behaviour are easy to recognize, but the exact line of demarcation between what is normal and what is not is much less clear. For example, it is normal to feel sad after losing someone close to you, but how intensely and for how long? Where does normal grief end and abnormal grief or clinical depression begin? It would be considered abnormal to keep every receipt you have ever been given, to the point where there is room for little else in your home, but is it also abnormal to keep most receipts for a year or two 'just in case'? Most of us consider it normal to have irrational fears, for example of spiders or public speaking, but are they still normal if they are so severe that they prevent you from working or enjoying life? Furthermore, behaviour that is normal in one situation may be considered abnormal in another: being temporarily possessed by 'God' or spirits and speaking in tongues is considered normal in some religions but in other circumstances it may be interpreted as a sign of serious mental illness. Similarly, historical and cultural factors influence ideas about what is normal, as changes in opinion about sexual practices such as homosexuality show.

There are several different ways of defining abnormal behaviour. *Psychological definitions* of abnormal behaviour emphasize the current utility of the behaviour – if the behaviour causes significant distress or prevents you from meeting important goals or developing meaningful relationships, then it is seen as dysfunctional and worthy of treatment. This approach has difficulty in dealing with people who lack insight into their difficulties such as those who are very depressed and see suicide as a welcome relief, or who believe that their auditory hallucinations are the voice of God warning them that their neighbour is really the devil. Similarly, defining behaviour as abnormal solely on the grounds that it causes great distress is not without difficulties – the behaviour may be entirely normal and it may be only the degree of distress that is abnormal.

Medical definitions of abnormal behaviour see it as a symptom of an underlying disease, the cause of which may or may not be known. That is, behaviour is seen as abnormal if it is thought to be caused by a mental illness such as schizophrenia, depression, or anxiety. The emphasis is on accurate diagnosis of the disease to determine the appropriate, usually pharmacological, treatment. However, lack of agreement or evidence about effective treatments can mean that even if the correct diagnosis is made, there may be no clear implications for treatment. The medical model has been criticized for ignoring the effects of the person's environment and for undermining personal responsibility. It also runs into difficulties when people do not have enough symptoms to qualify for having a particular disease, but have one or two symptoms, such as suspiciousness or social withdrawal, quite severely. Technically they do not have the illness, although their behaviour may appear strikingly abnormal.

Abnormality has also been defined in terms of both *statistical and social norms* – behaviour that is statistically uncommon is seen as abnormal. This approach has been applied to learning disabilities (mental handicap) in that people are judged to be learning disabled if their IQ is in the lowest 2.5 per cent of the population. However, one difficulty for the statistical approach is that many behaviours or attributes that are statistically uncommon are not seen as abnormal, e.g. having an IQ in the top 2.5 per cent! Furthermore, some dysfunctional behaviours, such as depression or anxiety, are so common that they are statistically normal, and what is common in one context may not be in another: a degree of depression is a normal response to bereavement but not to winning the lottery. Similarly, behaviour that deviates from what is typical for the social context may be seen as abnormal. Although this approach takes the person's environment into account, it is dependent upon prevailing social and moral attitudes. For example, in Victorian England people could be hospitalized for kissing in a public place, or more recently, some governments have viewed political dissent as abnormal behaviour.

Existential approaches view abnormal behaviour as an inevitable response to an abnormal world, either in terms of the person's immediate world as in their family, or in societal terms. For example, it may be a response to conflicting demands, such as to show respect and affection while on the receiving end of cruelty and humiliation. This also accounts for the fact that people's abnormal behaviour may not be as much of a problem for themselves as it is for those around them. The delusion that one is a very important or famous person may give the person who has the belief a boost, but cause problems for others.

Normalizing or *health-based* approaches try to specify normal behaviour or healthy psychological functioning and then to define abnormal behaviour by contrast. Mental health is thought to Involve characteristics such as accurate perception of reality (both of one's own capabilities and of the external world), some degree of self-knowledge and awareness of one's feelings and motives, autonomy and confidence in the ability to exert self-control, a sense of self-worth and self-acceptance, the ability to form close and satisfying relationships that are not destructive to either person, and being fairly competent in one's environment.

None of the approaches to defining abnormal behaviour is completely satisfactory, and it may be better to combine elements of the different definitions. One combined approach that incorporates elements of both social and psychological well-being suggests that while none of the following attributes are necessary or sufficient for behaviour to be seen as abnormal, they tend to indicate abnormality:

> irrationality and incomprehensibility; unpredictability and loss of control; personal and social maladaptiveness; suffering; unconventionality; violation of moral and ideal standards; and causing distress to others observing the behaviour.

This approach has the advantage of being more flexible, but a potential disadvantage is that it allows a greater degree of subjectivity. Psychologists have recognized that part of the difficulty in defining abnormal behaviour arises from the fact that such behaviour may have reflected an entirely adaptive response in an earlier environment. For example, a child who learns to avoid punishment or criticism by keeping quiet may be showing behaviour that is functional in those circumstances. However, if the reticence persists into adulthood, then such behaviour may become dysfunctional in that it prevents the person from forming relationships with others.

Classifying abnormality

There are advantages and disadvantages inherent in attempting to classify the many different forms of abnormal behaviour into types. One potential advantage is that, if different types of abnormal behaviour have different causes, then we may understand more about them by grouping together people with a certain type of abnormal behaviour, and looking for other similarities in their behaviour or history. For example, by studying many people who had panic attacks, similarities in their styles of thinking were noticed – people who experienced panic attacks tended to interpret their bodily sensations as signs of impending catastrophe. Those who had panic attacks were much more likely to interpret feelings of tightness in the chest (a common symptom of anxiety) as a sign of heart disease or impending suffocation. The evidence now suggests that these catastrophic interpretations of body sensations play a causal role in bringing on panic attacks.

Classifying and labelling different types of abnormal behaviour into *diagnoses*, which are medical names for disorders (e.g. terms such as *bulimia nervosa* or *social phobia*), acts as a kind of medical shorthand in that it conveys a lot of information in relatively few words. For example, we know that people with social phobia are overly concerned about doing or saying something that they think will embarrass or humiliate them in front of others, and consequently try to avoid certain social situations or interactions. We can also bring to bear information from treating other socially phobic patients, for example about what type of treatment is likely to be effective. But when using diagnostic labels it is important to avoid stereotyping. The danger is that once people are given the label of a 'phobic', they may be seen as identical to other phobic patients and important details about their phobia and personal responses to it may be ignored. It can also be dehumanizing in that often it is the person rather than the illness that is labelled, as in 'he's a schizophrenic' rather than 'he is suffering from schizophrenia', as if all people with schizophrenia had identical personalities.

Many mental health professionals use a standard method of classifying patients' behaviour both for research purposes and in clinical practice, so that it is clear that people working in different places or settings know that they are referring to the same thing. Currently, the most commonly used classification system is the fourth edition of the *Diagnostic and Statistical Manual of Mental Disorders* (DSM-IV for short), which is produced by the American Psychiatric Association. Some examples of the types of abnormal behaviour covered in DSM-IV are shown in Table 8.1.

TABLE 8.1. Different types of abnormal behaviour

Category	Examples of specific disorders
Schizophrenic and other psychotic disorders	A group of disorders characterized by psychotic symptoms – loss of contact with reality as in hallucinations or delusions, marked disturbances of thought and perception, and bizarre behaviour.
Anxiety disorders	Several disorders in which the main symptoms are of anxiety either in response to a particular stimulus as in phobias, or more diffuse anxiety as in generalized anxiety. Many of these disorders involve panic attacks, defined in terms of the sudden and intense onset of a number of anxiety symptoms.
Mood disorders	Disturbances of normal mood ranging from extreme depression to abnormal elation (*mania*), or alternating between the two (*manic depression*).
Somatoform disorders	Physical symptoms, such as pain or paralysis, for which no physical basis can be found, and in which psychological factors appear to play a role, e.g. a mother who loses the use of her right arm when her son joins the army, but regains it when he is home on leave. Also included in this

TABLE 8.1. (*cont.*)

Category	Examples of specific disorders
	category is hypochondriasis, which is excessive concern with health and a preoccupation with disease, often involving the erroneous belief that one has a fatal disease.
Dissociative disorders	Disorders involving a disruption in the usually integrated functions of consciousness, memory, identity, or perception, for emotional reasons. Included in this category are multiple personality disorder and amnesia, e.g. forgetting being involved in a traumatic experience.
Sexual and gender identity disorders	Includes problems of sexual preferences such as sexual interest in children (*paedophilia*), or in objects (*fetishism*), problems in gender identity such as *transsexualism* (the belief that you are trapped in a body of the wrong sex), and sexual dysfunctions (e.g. impotence).
Eating disorders	Disorders characterized by severe disturbances in eating behaviour, e.g. anorexia and bulimia nervosa.
Sleep disorders	Disorders involving abnormalities in the amount, quality, or timing of sleep (e.g. insomnia), or abnormal behaviour or physiological events occurring during sleep (e.g. nightmares, night terrors, sleepwalking).
Impulse control disorders	Disorders involving the failure to resist an impulse, drive, or temptation, e.g. *kleptomania* involving impulsive stealing for no personal gain, or *trichotillomania* involving habitual pulling out of one's hair for pleasure or tension relief.
Personality disorders	Enduring patterns of inner experience and behaviour that are pervasive and inflexible, lead to distress or impairment, and deviate from social norms, e.g. *narcissistic personality disorder* involves a pattern of grandiosity, need for admiration, and lack of empathy; *obsessive-compulsive personality* is characterized by preoccupation with orderliness, perfectionism, and control.

Substance-related disorders	Excessive use of, or dependence on, alcohol or drugs.
Factitious disorders	Physical or psychological symptoms that are intentionally produced or feigned in order to assume a 'sick role' or gain other benefits such as financial benefits or reduced responsibility.

In order to meet the criteria for diagnoses according to DSM-IV, the person must have been experiencing the symptoms for a specified amount of time, and the particular symptoms listed must cause them significant distress or impairment in functioning. So there are not 'all or none' definitions and it is hardly surprising that untrained people suspect that they have every diagnosis in the book when they first read the list.

Explaining abnormal behaviour

Throughout history abnormal behaviour has been attributed to a wide variety of causes, from dietary deficiencies to the phases of the moon or evil spirits. More recently investigators have used scientific methods such as careful observation and hypothesis testing to propose several different theories to account for abnormal behaviour. Not surprisingly, these explanations are quite closely related to the different views of personality that are outlined in Table 7.1. Explanations of abnormal behaviour vary in the degree to which they focus on the past or present, whether they are based on psychological theory or medical models, whether the views of the therapist and patient are given equal weight, and in the treatments they advocate.

It is common in psychiatry to use a *medical model* which sees abnormal behaviour as the result of physical or mental illnesses that are caused by biochemical or physical dysfunctions in the brain or body, some of which may be inherited. One of the early successes of the medical model in explaining abnormal behaviour was the discovery that *general paresis*, a debilitating form of dementia that was common earlier this century, was a long-term consequence of infection with syphilis. The main tasks of treatment in the medical model are making the correct diagnosis and administering appropriate treatment – for example, physical treatments such as medication (e.g. anti-depressant or anti-psychotic drugs), or psychosurgery (surgical techniques to destroy or disconnect specific areas of the brain) or ECT (electroconvulsive therapy). Recent advances in pharmacotherapy mean that modern drug treatments do not have the debilitating side-effects that were associated with their predecessors. While these drug treatments are effective for many people, we are still some distance from having medications that work for everyone, and are free from side-effects. Both psychosurgery and ECT were widely used before the advent of drug therapies, and their relatively indiscriminate use gained them a bad reputation. In modern psychiatry ECT and psychosurgery are used in a much more discriminate and refined manner. Psychosurgery is used with greater precision and only as a last resort, when other treatments have failed, in the treatment of chronic severe pain, depression, or obsessive-compulsive disorder. Similarly, ECT is used to induce seizures which affect the balance of chemicals in the brain. Although the practice of ECT has been described as barbaric and inhumane, the use of muscle relaxants and anaesthesia mean that it can be given with a minimum of discomfort, and research demonstrates that it can be effective in alleviating depression in patients who have not responded to any other treatment and who may be at risk of suicide.

Psychodynamic approaches to understanding abnormality are based on the work of Sigmund Freud and have been expanded by many others. In brief, psychodynamic approaches see abnormal behaviour as arising from conflicts between instinctual drives, which lead to anxieties, which are in turn dealt with by *defence mechanisms*, or strategies used to avoid or reduce the experience of the anxiety, and to protect the person's ego. Treatment often focuses on the patient's early life experiences and involves the therapist helping to reveal the patient's unconscious motives and to resolve the original conflicts. Psychodynamic therapists developed techniques such as *free association* where patients are encouraged to say whatever comes into their minds, and the therapist interprets the associations. They base their interpretations of patients' distress, and signs of it such as their dreams and their feelings towards the therapist (*transference*), on psychodynamic theories and models of behaviour.

In contrast to the psychodynamic approach, humanistic psychotherapy focuses on the present and views the patients as being in the best position to understand their problems. Humanistic approaches see the person's sense of self as critical in promoting personal growth and well-being. The aim of therapy is to promote self-esteem and self-acceptance, which may have been lowered by unhappy events or difficult relationships. Therapy is an enabling process in which the therapist enables patients to reveal their problems in an atmosphere of 'unconditional positive regard' – that is, the therapist is genuinely non-judgemental towards patients and shows warmth and empathy for them.

A second set of approaches to understanding abnormality that focus on the present are behavioural and, more recently, cognitive-behavioural approaches. Initially the behavioural approach asserted that it was not necessary to understand the origins of abnormal behaviour in order to treat it – psychological symptoms were seen as maladaptive behaviour patterns which were learnt, and thus, could be unlearnt. Such radical behavioural approaches focused solely on observable behaviour. Internal events and meanings and the patient's history were largely ignored. Techniques of therapy included reconditioning by, for example, *systematic desensitization*, in which the patient is taught relaxation techniques and uses them to reduce their anxiety during exposure to a hierarchy of increasingly threatening situations. In this way situations that were once associated with anxiety subsequently become associated with relaxation and are no longer feared. Nowadays,

'Leave us alone! I am a behaviour therapist! I am helping my patient overcome a fear of heights!'

16.

behavioural approaches are often combined with cognitive approaches.

Cognitive-behavioural approaches look both at the patient's observable behaviour and also at their internal interpretations of the situation (cognitions). They take into account both history and current patterns of behaviour, and they also draw upon the findings of experimental research in cognitive psychology. Adding cognitive elements has been shown to increase both the efficacy of and compliance with behavioural treatments. For example, an agoraphobic patient, whom we shall call Sarah, was too terrified even to contemplate any treatment involving *exposure* (facing the feared stimulus – in this case, going outside). The therapist used cognitive techniques to discover that Sarah believed that if she went outside, she would be so overwhelmed by anxiety that she would have palpitations which could induce a heart attack. The therapist helped Sarah to think about her symptoms anew, by providing medical evidence indicating that it was highly unlikely that Sarah's symptoms were due to impending heart failure, and by examining what happened to Sarah during an attack, which indicated that the palpitations were a symptom of anxiety rather than of heart disease. Sarah was sufficiently reassured by this information to begin an exposure programme. Later in therapy, a *behavioural experiment* was used to test Sarah's prediction that anxiety-induced palpitations could bring on heart failure – Sarah tested whether or not these palpitations would lead to heart failure by doing everything she could to bring on a heart attack during the palpitations (e.g. staying in a hot room, doing vigorous exercise). When this did not bring on a heart attack, Sarah was finally convinced that her palpitations were due to anxiety, and would not cause any permanent damage.

Clearly, attempting to differentiate abnormal from normal behaviour is not straightforward; what is considered abnormal is somewhat subjective and depends on the context, current values, and norms, and on the way in which both normal and abnormal behaviour are conceptualized. Also, different ways of understanding normal personality and normal behaviour will influence how abnormal behaviour is understood and treated. Many factors contribute to causing abnormal behaviour including genetics, early experiences, learning history, biochemical changes in the brain, unconscious conflicts, recent stressful or traumatic events, and thinking styles.

17.

Systems for classifying abnormal behaviour into different types have been devised to aid communication and understanding, but their validity has often been questioned.

Despite these difficulties, abnormal psychology has provided some understanding of abnormal behaviour, and of how to help others in difficulty. While such treatments are helpful in ameliorating distress, they do not give us the secret to happiness, but focus on helping the person to return to a 'normal' state. In considering which treatment is best, it must be remembered that it is difficult accurately to compare the efficacy of different approaches, particularly as some approaches are not very amenable to testing. How does one measure the degree of unconscious conflict or self-actualization? The most demonstrably effective treatments are those that are based on testable theories and that have been evaluated using all the props of science: independent assessment, experiments designed to test specific hypotheses, multiple standardized measures, repeated measurement, and appropriate comparison groups. At present, there is evidence that both pharmacological and psychological treatments can be effective in ameliorating distressing symptoms, and psychological treatments such as cognitive-behaviour therapy may have an advantage over pharmacological treatments in terms of *relapse rates* (the proportion of people who deteriorate or relapse once treatment has finished).

Abnormal psychology has been able to develop in the way that it has partly because of advances made in other areas of psychology. Examples include understanding the ways in which perception and attention are influenced by moods (how being fearful keeps one on the lookout for dangers or *hypervigilant*); how one might be able to detect a signal without being aware of doing so, and become distressed without understanding why; how memories can be inaccurate as well as accurate; and how hard it can be to withstand the pressure of a peer group. Future developments in abnormal psychology, whether they are directed towards improving treatments or preventing problems arising, will therefore not take place in isolation, and the ways in which they are applied will need to be subjected to similarly rigorous scientific and ethical standards. Abnormal psychologists attempt to ensure that the facts on which their theories and practices are based are sufficiently well founded, and applied in demonstrably unbiased ways, without coercion, that do not intentionally foster dependency or create additional problems. For this reason ethical standards for the application of treatments in abnormal psychology have been developed and are constantly being revised in the light of new developments – both scientific and cultural.

Chapter 9
How do we influence each other?
Social Psychology

The previous chapters have concentrated on the individual. However, human behaviour can only be properly understood if it is thought of as social in nature: as being directly or indirectly influenced by the behaviour of others. Simply being in the presence of others will normally affect our behaviour: you may do things when you are alone at home that you would not dream of doing in public. Psychologists call this process of behaviour change as a result of being in the presence of others *social facilitation*. One obvious form of social facilitation is competition. In general, people's performance is enhanced if they believe that they are competing with someone else – even if there is no prize. It seems that the mere presence of others, rather than the atmosphere of competition, is the crucial element. Even when people are asked not to compete, they work faster when they can see others working (the *coaction effect*), or when they are being observed by others (the *audience effect*).

Experiments have shown that social facilitation can be produced by simply telling subjects that others are performing the same task elsewhere. Hence, your motivation to study for an exam may be increased by telephoning a classmate and finding out that they are already hard at it. Whether or not social facilitation enhances performance depends upon the nature of the task. If the task is simple and well learned performance may improve, but it may deteriorate if the task is complex, novel, or difficult. Social facilitation has been demonstrated in animals too – even cockroaches run faster when they are being watched by their peers!

A more direct form of social influence involves not merely being in the presence of other people but interacting with them and making some attempt to change their behaviour. This could happen when someone tries to influence the group as a whole (*leadership*), when several group members encourage others to adopt a particular attitude (*conformity*), when an authority figure tries to make someone comply with their demands (*obedience*), or when the attitudes of one group influence behaviour towards another group (*prejudice*). This chapter will focus on these four issues as examples of social psychology.

A born leader?

It was originally thought that leadership was a trait that some people possessed and others did not. Hence, comments such as 'he's a born leader'. A number of attributes, such as height, weight, intelligence, confidence, and an attractive appearance, have been proposed as being related to leadership, at least in men. With regard to intelligence, several studies have shown that the typical leader is only slightly more intelligent than the average group member, but in general, psychologists have been unable to find many attributes that consistently distinguish leaders from non-leaders. This may explain why we can all think of leaders who, for example, are not particularly attractive.

Because specific leadership traits are not demonstrable, psychologists have explored other possibilities. First, leadership style has been shown to influence the behaviour and productivity of group members. In general, a democratic style promotes good productivity with the best relationships between group members. An autocratic style, which is more authoritarian and directive, and allows group members less say in decisions, produces as much productivity (provided the leader is present), but tends to lead to poorer relationships and less cooperation between group members. Laissez-faire leadership, which leaves the group to its own devices, results in much less productivity than either a democratic or authoritarian approach. The results of these studies have influenced the development of management strategies in many organizations, encouraging a move away from authoritarian models of management towards the more democratic process of allowing workers to have a say in the running of the organization.

Psychologists have also investigated the situational aspects of leadership, suggesting that leadership is primarily determined by the functions that the group needs a leader to fulfil. Thus, the match between the leader's personal qualities or leadership style and the requirements of the situation is crucial. There is some evidence to support this notion. For example, relationship-oriented leadership is more productive when conditions for the group are neither extremely good nor extremely bad. In contrast, task-oriented leadership, which is directive and controlling, produces greater benefits when the group's conditions are more extreme (either extremely favourable or extremely unfavourable). This may help to account for the increased popularity of dictators as leaders in countries that are experiencing times of extreme hardship. For example, Hitler became popular as Germany was struggling under the weight of reparations after losing the First World War.

In order to find out more about situational influences on leadership, some researchers have studied the effects of putting a random person in a central position. Experiments have shown that if members of a group are forced to communicate only through one central person, then that person begins to function as a leader. Compared with people occupying more peripheral positions, people in central positions send more messages, solve problems faster, make fewer errors, and are more satisfied with their own and the group's efforts. People put in positions of leadership tend to accept the challenge, behave like leaders, and be recognized by others as leaders. This may explain why people who do not appear to be natural leaders can nevertheless rise to the occasion: 'some men are born great, some achieve greatness, and some have greatness thrust upon them' (*Twelfth Night*, Act 2). Thus, the qualities that make a good leader vary according to the situation and the nature of the problem faced by the members of the group in question.

Conformity

Understanding leadership helps to explain the effect of an individual on a group, but the effects of a group on an individual are also more complex than might be supposed. You may have been in a group situation where your opinion differs from the majority. In such circumstances you might change your opinion to conform with the group – particularly if you are not sure of your own opinion, or if you have reason to believe that the majority has a more valid source of information. However, what if you are sure that you are correct and the group is incorrect? Would you yield to social pressure and conform? Changing one's behaviour or attitudes as a result of perceived pressure from a person or group of people is called *conformity*. You may have noticed that if several people have already given the same answer to a question, the last person is unlikely to disagree. Hence, a 'hung jury' is a fairly rare occurrence. Conformity has been studied in experiments in which a person is asked to answer a simple question, after they have already heard several others give the same wrong answer. It is important that the real subject believes that the other people are answering honestly. Results show that people conform, that is, give the same wrong answer, about 30 per cent of the time.

Why do people do this? It seems that there are several reasons why people change their opinions or behaviour as a result of group pressure.

A

B

C

18. Resistance to majority opinion

A. All of the group members except the man sixth from the left are confederates previously instructed to give uniformly wrong answers on 12 of the 18 trials. No. 6 who has been told he is participating in an experiment in visual judgement, therefore finds himself a lone dissenter when he gives the correct answers.

B. The subject, showing the strain of repeated disagreement with the majority, leans forward anxiously to look at the pair of cards.

C. Unusually, this subject persists in his opinion, saying that 'he has to call them as he sees them'.

Some people who conformed in these experiments admitted to knowing that they had given an incorrect answer, but gave it because they did not want to appear to be the odd one out, or feared that people would laugh at them, or that they would disrupt the experiment if they did not conform. Others appeared to have internalized the group's opinion and thus, did not realize that they had been influenced by others. This type of conformity, in which the influence of others remains unrecognized, is more common when the task is difficult, or when the other people are perceived as more competent. For example, your opinion about the date of the next election is likely to be influenced more by hearing a group of politicians say that it will be in April, than by hearing a group of shopkeepers say so.

Obedience

Conformity occurs when someone yields to group pressure. Similar effects can be produced by an authority figure, and complying with the demands of an authority figure is called *obedience.* Scientific investigations into obedience were prompted by atrocities of war such as the Holocaust or the killing of Vietnamese civilians at My Lai. In the aftermath of these wars it became apparent that many soldiers, who appeared to be ordinary decent people, had committed atrocious acts. When asked why they had done these things, a common defence was 'I was following orders'. Thus, psychologists became interested in just how far the average person would go, simply because they were told to. Box 9.1 and Figure 19 describe an experiment investigating obedience in the general public.

What produces such obedience? One suggestion is that obedience to authority is vital for communal life and may have been built into our genetic make-up during evolution. Indeed many aspects of civilized life, such as the legal, military, and school systems, rely on people obeying the directions of authority figures. However, psychological factors may also influence obedience. Social norms, such as being polite, may have

Box 9.1. Extremes of obedience

Members of the public, recruited through a newspaper, participated in 'a study of memory'. Subjects were told that they would play the role of 'teacher' and would be teaching a series of word pairs to a 'learner'. Teachers were instructed to press a lever to deliver an electric shock to the learner, for every error made. Teachers saw the learner being strapped into an electrically wired chair with an electrode placed on the wrist, and were convinced of the generator's authenticity by being given a sample shock of 45 volts. Then, seated in front of the generator with 30 switches ranging from '15 volts – mild shock' to '450 volts – Danger: Severe shock', teachers were told to move up a level for each error made. The experimenter remained in the room throughout. In reality, the learner was an actor who did not receive shocks but who had been trained to respond as if he did, and briefed to make many errors. As the shocks became stronger, the actor began to shout and curse. At the level marked 'extreme intensity shock' the actor went quiet and no longer answered questions. Not surprisingly, many of the subjects objected and asked to stop the experiment. The experimenter instructed them to continue. A staggering 65 per cent of the subjects continued right to the end of the shock series (450 volts) and none stopped before 300 volts (when the actor began to kick the adjoining wall). The results of this experiment suggest that ordinary people will go very far indeed when they are told to by someone in a position of authority.

Milgram, 1974

contributed to making it difficult for the subjects to refuse to continue, particularly once they had started. Refusing to continue would have meant admitting that what they had already been doing was wrong,

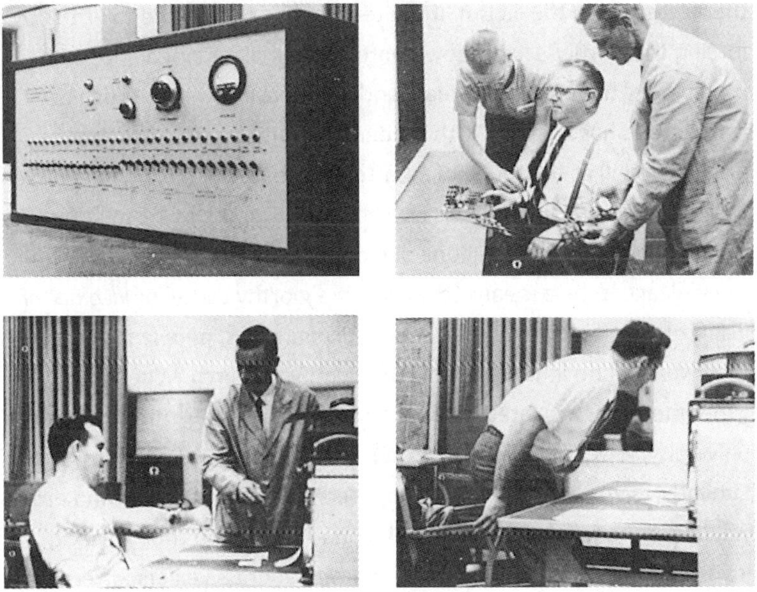

19. Milgram experiment

(top left) The 'shock generator' used on Milgram's experiment on obedience. (top right) The victim is strapped into the 'electric chair'. (bottom left) A subject receives the sample shock before starting the 'teaching session'. (bottom right) Unusually, this subject refuses to go on with the experiment.

and could imply that they thought badly of the experimenter. This may make it easier to understand why so few people disobey orders during war, when punishments for disobedience are more serious than merely offending someone. The presence of the experimenter also increased obedience: when instructions were issued by telephone obedience dropped from 65 per cent to 21 per cent. Furthermore, several people cheated by giving weaker shocks. So obedience is at least partly dependent upon continued surveillance.

Two other factors, which are also relevant to the obedience seen during wars, affected obedience in these experiments. First, people are more prepared to inflict pain on another person if they can distance themselves from the victim. If the teacher had to respond to errors by forcing the learner's hand down onto a shock plate, obedience was much lower than when the teacher did not have to see or touch the learner. This has parallels with modern warfare in which it is now possible to kill at the touch of a button without ever having to see the victims' suffering. Indeed, it is psychologically easier to kill millions with a nuclear bomb than to kill one person face to face. Second, believing the violence to be a means to an end in a worthy cause, or *ideological justification*, affects obedience. In the experiments, people thought that they were acting in the interests of scientific research. When the experiment was repeated without the associations of a prestigious university, fewer people were prepared to obey the instructions. Similarly, in war, many soldiers supposedly believe that following orders will be for the greater good of their countrymen, and their training involves cultivating attitudes that facilitate aggressive acts, often by dehumanizing the enemy.

When asked in advance, most people are adamant that they would not conform or obey instructions to deliver such electric shocks. The fact that most people do indeed conform or obey suggests that we are not good at predicting our own behaviour. This discrepancy between what we think we would do and what we actually do is a good example of our tendency to overestimate the importance of personality factors and underestimate the importance of situational influences (the *fundamental attribution error*). While obedience and conformity may not be seen as very desirable, they clearly contribute to the cohesiveness that enables us to live in a civilized society. For example, there could be no law enforcement without obedience and no democracy without some conformity.

Prejudice

In addition to looking at the influences of groups on individuals, social psychology is also concerned with the influences of one group on another group. The blue eyes-brown eyes experiment (Box 9.2) shows how belonging to a particular group can change one's behaviour.

Box 9.2. Are blue or brown eyes better?

Pupils were told by their teacher that those with brown eyes were more intelligent and 'better' people. The teacher then gave the brown-eyed children special privileges such as sitting at the front of the class. Behaviour in both groups changed: the blue-eyed children showed signs of lowered self-esteem and depressed mood, and did less well in their work, while the brown-eyed children became critical and oppressive towards their 'inferiors'. After a few days, when the teacher said that she had made a mistake, and the blue-eyed children were the superior ones, the behaviour patterns quickly reversed, with the brown-eyed children becoming more depressed. Of course, the rationale for the study was explained to the children once it was over.

Aronson and Osherow, 1980

Despite its artificiality, this experiment has many implications for prejudice in the real world. Prejudices are relatively enduring (usually negative) attitudes about a group that are extended towards members of that group. Prejudice often involves *stereotyping*. Stereotyping is the tendency to categorize people according to some readily identifiable characteristic such as age, race, sex, or occupation, and then to attribute to the individual the characteristics that are supposedly typical of members of that group. For example, someone who is prejudiced against women may believe that women are stupid and weak, and they will apply this belief to every woman they encounter. While the stereotypes involved in prejudices may contain a grain of truth (for example, on average women are physically weaker than men), they are frequently overly general – some women are stronger than some men –

overly rigid – not all women are weak or stupid – or simply inaccurate – there is no evidence that women are less intelligent than men.

Many forms of prejudice have been demonstrated in different groups across the world and social psychologists have investigated the psychological factors underlying them. Again, it seems that both personality factors and situational influences contribute to the development of prejudices. The blue eyes-brown eyes experiment suggested that prejudice can be created simply by giving one group privileges over another. Similarly, when two groups are set up in competition for the same resources prejudice easily develops, as in the Robbers' Cave Experiment (Box 9.3).

Several sources of evidence show that competition for resources can lead to prejudice. For example, the number of racially motivated lynchings in the southern states of the USA is said to have increased with financial hardship, and decreased in more prosperous years. Prejudice might also arise out of a general need to see oneself positively: people come to see any groups to which they belong more positively than other groups. In this manner they develop positive prejudices about their own groups and negative prejudices about other groups (*ethnocentrism*). It has also been suggested that prejudice is a form of *scapegoating* in which aggression is directed towards a scapegoat (usually a socially approved or legitimized target), because it is not possible to direct one's aggression toward the real target – for fear of the consequences or because they are not accessible.

Situational factors clearly influence the development of prejudices. However, several studies have found that people who hold prejudices tend to have certain personality characteristics such as being less flexible and more authoritarian. This relationship between personality characteristics and the tendency to develop prejudices may help to explain why two people who have had similar experiences can have differing levels of prejudice.

Box 9.3. Robbers' Cave Experiment

Twenty-two 11-year-old boys participated in this study of cooperative behaviour at a summer camp (Robbers' Cave).

Stage 1: The boys were divided into two groups without knowing of each others' existence. Each group chose a name, the Rattlers and the Eagles, and formed a group identity by wearing caps and t-shirts showing their names. Each group engaged in cooperative activities and developed standards of group behaviour such as swimming in the nude or not mentioning homesickness.

Stage 2: An element of competition was introduced. The groups became aware of each other and competed for prizes in a grand tournament. Conflict quickly developed with each group attacking the other after losing a round of the competition.

Stage 3: Conflict resolution through cooperative activities. These activities involved goals that both groups wanted but could only be achieved through cooperation, for example, pooling funds to rent a minibus. This succeeded in eliminating prejudices against members of the other group, and towards members of their own group.

Sherif, Harvey, White, Hood, and Sherif, 1961

Psychologists have used their knowledge about the psychological factors involved in prejudice to look at methods for reducing prejudice. Initially, it was thought that increased contact and decreased segregation would help. The absence of direct contact with another group leads to *autistic hostility* – ignorance of another group produces a failure to understand the reasons for their actions, and provides no opportunities to find out if negative interpretations of their behaviour are incorrect. Thus, contact between opposing groups is needed before prejudices can be reduced. However, contact based on inequity, as when male bosses employ female secretaries or cleaners, may serve to reinforce stereotypes. Furthermore, because inequity and competition for scarce resources facilitate the development of prejudice, contact to reduce prejudice should be based on equality and encourage the pursuit of common goals rather than competition.

We have looked at social facilitation, leadership, conformity, obedience, and prejudice and been able to see that our thoughts, feelings, and behaviours are influenced by others. What can be concluded from these studies and what use are these conclusions? Studies of social facilitation and leadership suggest that certain working conditions can enhance workers' productivity and satisfaction, and this information has been useful to employers. Studies of obedience and conformity show that we are much more likely to be influenced by pressure from others than we realize, and they provide a framework for understanding why we are susceptible to such pressures. Greater understanding of the factors contributing to obedience and conformity has been useful both in situations where conformity and obedience are desirable, such as in the military forces, and in situations where it is important that people stay true to their own opinions. For example, some American states now use juries of six rather than twelve as social psychologists' findings suggest that smaller groups are less likely to produce undue pressure to conform. The psychological study of prejudice has identified some of the underlying factors and facilitated the development of more effective programmes to reduce prejudice and conflict between different groups.

This chapter has introduced some of the issues that social psychologists are interested in, and some of the methods they use to investigate them. Many interesting areas of social psychology have not been covered here, such as group dynamics, bystander intervention, behaviour of crowds, impression formation, and interpersonal attraction. Both antisocial behaviour, such as football hooliganism, and pro-social behaviour, such as acts of altruism, are of interest. The major challenge for the future of social psychology is to find out more about the many factors that help to predict, control, or modify (increase or decrease) both types of behaviour.

Chapter 10
What is psychology for?

As well as being an academic discipline psychology has many practical uses. Academic psychologists are likely to specialize in one area of psychology, and to carry out research to further 'the science of mental life'. Their findings help us to understand, explain, predict, or modify what goes on in the mind as the control centre for cognition, affect, and behaviour (what we think, feel, and do). They may also develop theories and hypotheses to test, and carry out original research in their applied settings, so that developments in the academic and professional fields can influence each other, with especially productive results when communication between them is good. For example, experimental laboratory-based work demonstrating that animals would complete quite complex tasks, or series of tasks, in order to gain a reward, together with research into the application of these methods in humans, stimulated the development of *token economy* programmes. These work by rewarding behaviour that you want to increase with tokens which can later be exchanged for 'goodies' or privileges. Such programmes have been used successfully in the rehabilitation of offenders, and in helping people become more independent after spending years in hospital. Alternatively, the observations of professional psychologists may stimulate academic interest. For example, psychologists working in hospitals noticed that some patients with auditory hallucinations seemed to have fewer hallucinations if they wore an ear-plug. This observation prompted valuable research into the relationship between hearing and auditory hallucinations.

Where do professional psychologists work?

Psychologists are likely to be interested in most aspects of human functioning, and in some of the ways in which animals function too. Hence there are many fields in which they work as applied or professional psychologists. Clinical or health psychologists work in health care settings such as hospitals, clinics, doctors' offices, or in other community settings. Clinical psychologists mainly use psychological techniques to help people overcome difficulties and distress. Their postgraduate training enables them to provide therapy or advice, to evaluate psychological and other interventions, and to use their research skills to develop new ones, to teach and supervise others, and to contribute to the planning, development, and management of services generally. Health psychologists are more concerned with the psychological aspects of their patients' physical health, and apply their knowledge to aid the treatment or prevention of illness and disability. For example, devising education programmes about AIDS or diet; finding out about how best to communicate with patients, or helping people to manage health-related problems such as post-operative recovery or living with a chronic illness such as diabetes.

Professional psychologists also work outside health care settings. For example, forensic psychologists work with prison, probation, or police services, and use their skills in helping to solve crimes, predict the behaviour of offenders or suspects, and in rehabilitating offenders. Educational psychologists specialize in all aspects of schooling, such as looking at the determinants of learning and adjustment, or at solving educational problems. Environmental psychologists are interested in the interactions between people and their environment, and work in areas such as town planning, ergonomics, and designing housing so as to reduce crime. Sports psychologists try to help athletes maximize their performance, and develop training schemes and ways of dealing with the stresses of competition.

Many areas of business and commerce also use professional psychologists. Occupational psychologists consider all aspects of working life, including selection, training, staff morale, ergonomics, managerial issues, job satisfaction, motivation, and sick leave. Frequently they are employed by companies to enhance the satisfaction and/or performance of employees. Consumer psychologists focus on marketing issues such as advertising, shopping behaviour, market research, and the development of new products for changing markets.

People who have learned about psychology at school or at university but who have not completed a professional training in the subject often find their knowledge of psychology useful in both their personal lives and their work. It is hardly surprising that there are many advantages in knowing something about how the mind works and in knowing how to determine whether intuitions or preconceptions about its workings, which are predominantly based on introspection, are justified. Both the findings of psychologists and the methods they use to discover things are potentially useful in a range of professional roles such as teaching, social work, policing, nursing and medicine, research for TV or radio programmes, political advising or analysis, journalism or writing, management and personnel, developing methods of communication and information technology, and also training or caring for animals, their health, or the environments they require for survival. The discipline of psychology teaches skills that are widely applicable as well as providing a training in thinking scientifically about mental life – about thoughts, feelings, and behaviour.

Uses and abuses of psychology

People frequently make assumptions about what psychologists are able to do – for example, that they can tell what you are thinking from your body language, or read your mind. While such assumptions are understandable, they are not correct. Psychologists can, as we have seen, study aspects of thinking, use rewards to change behaviour, give advice to people who are distressed, and predict future behaviour with some accuracy. Nevertheless they cannot read people's minds, or manipulate people against their will, and they have not yet drawn up a blueprint for happiness.

Psychology can also be misused, as indeed can any other scientific body of information. Some of its misuses are relatively trivial, as in providing superficial answers to difficult questions, such as how to become a good parent, but some are not at all trivial: for example, treating people with certain political opinions as mentally ill. Psychologists have also been accused of such things as fostering 'psycho babble', or pseudo-scientific, jargon-ridden pronouncements and advice, and of developing poorly constructed schemes supposedly based on sound psychological principles. One critic of psychology, commenting on the recent increase in team building by means of adventure courses, said, 'Psychologists, past masters at convening conferences in order to state the obvious, have at last turned their attention to this most bizarre manifestation of late twentieth century corporate sadism.' The researchers had 'discovered' that those 'who do not shine on the raft-building front are likely to return to their offices with their confidence in shreds'. Of course, the reason why such courses are on the increase may have more to do with financial benefits than with psychological decisions.

The fact that psychology, like any other discipline, can be misunderstood and misused does not detract from its value. However, psychology *is* in a special position because it is a subject about which everyone has some inside information, and about which everyone can express an opinion based on personal information and subjective experience. An example may help to illustrate the point. Having spent many years researching various kinds of unhappiness, psychologists are now turning their attention to more positive emotions, and have conducted surveys into the happiness of women in their marriages. A representative survey of American women reported that half of those married five years or more said they were 'very happy' or 'completely satisfied' with their marriages and 10 per cent reported having had an affair during their current marriage. In contrast to this, Shere Hite, in her report on *Women and Love*, claimed that 70 per cent of women married five years or more were having affairs and 95 per cent of women felt emotionally harassed by the men they loved. Unlike the results of the first survey, these findings were widely reported in the media, and Shere Hite herself placed great weight on the results because 4,500 women had responded to her survey. However, there are two major problems with her work. First, less than 5 per cent of the people sampled responded (so we do not know the views of over 95 per cent of them), and second, only women belonging to women's organizations were contacted in the first place. Thus the respondents (the small percentage of women belonging to women's organizations who chose to respond to the survey) were not representative of the relevant population of women. This kind of reporting raises problems as we know that people have a tendency to accept information that fits with their hunches or preconceptions, and that attention is easily grabbed by startling, novel, or alarming information.

The point is that psychology is not being led by hunches, and nor is it common sense. In order properly to understand psychological findings people need to know something about how to evaluate the status and nature of the information they are given. Psychologists can, and do, contribute to debates such as that about marriages and their happiness, and they can help us to ask the kinds of questions that can be answered using scientific methods. Not 'are marriages happy?' but 'what do women who have been married five years or more report about the happiness of their marriages?' The scientific, methodological nature of psychology therefore determines what psychology is for – hence the importance of developing appropriate methods of inquiry, reporting results in demonstrably objective ways, and also educating others about the discipline of psychology.

Like any science, the nature of psychology has been, and is being, determined by the scientific methods and technology at its disposal. In the same way, the design of the bridges and buildings being built, and the speed with which information spreads between people far apart, are determined by technological developments. For instance, statistical and sophisticated computer programs help psychologists ensure that their surveys accurately reflect the facts. Surveys of large groups of people could tell us much about specific aspects of happiness, provided they were representative, carried out properly, interpreted with caution, and reported in an unbiased way. For a survey to be representative all relevant groups of people – urban or rural, black or white, rich or poor, and so on, should have an equal chance of being selected, and the sample should pick up people in the same proportions as in the population from which the sample is drawn. Developments in computer technology help psychologists to carry out such random sampling procedures, and to check that their random sample is truly representative of the population. A sample of equal numbers of black and white people would be as unrepresentative in Zambia as it would in France. Statistical considerations are paramount, and these suggest, for example, that a random sample of 1,500 people could provide a reasonably accurate estimate of the views of 100 million people – provided it were representative. Having 4,500 people in the survey does not make it more accurate than a sample of 1,500 people if the composition of the sample differs in important ways from that of the population about whom conclusions are drawn. Once again psychology is in an especially difficult position because some aspects of its technology are generally available. Anyone can conduct a survey. Not anyone can build a bridge. Knowing how to do it properly is equally important.

What next? Progress and complexity

A hundred years ago psychology as we know it today hardly existed. Great advances have been made in all aspects of the subject – and more can be expected. For example, we now know that, to a large extent, we construct our experience of the world and what happens in it, and do not just use our faculties of perception, attention, learning, and memory to provide us with a passive reflection of external reality. Our mental life turns out to be far more active than was supposed by the early psychologists who began by documenting its structures and functions, and it has been shaped over the millennia by evolutionary forces of adaptation to be this way. Psychologists have enabled us to understand the basics about how mental processes work, and some of the basics about why they work in the way that they do. But as well as providing answers, their findings continue to raise questions. If memory is an activity not a repository, then how do we understand its dynamics? Why do intelligent beings use so many illogical ways of thinking and reasoning? Can we simulate these to create artificially 'intelligent' machines that do not just process prodigious quantities of information in record time, but also help us to understand other, more human, aspects of mental life? How can we understand the processes involved in creative or non-verbal thinking and communication? What is the precise nature of the relationships between language and thought and between thoughts and feelings? How do people change their minds? Or modify outdated or unhelpful patterns of thinking? We know that answers to these questions, and many more like them, will be complex as so many factors influence psychological aspects of functioning, but as increasingly powerful techniques of research and analysis are being developed, and as relevant variables are sorted from irrelevant ones, answers become increasingly likely.

A surprising amount of psychologists' work has been stimulated by the social and political problems of the twentieth century. For example, strides were made in the understanding and measurement of intelligence and personality during the Second World War, when the armed forces needed better means of recruitment and selection. The behaviour of people in wartime provoked Milgram's famous studies on obedience. Social deprivation in large cities provided the context for the Headstart project, from which we have learned about compensating for environmental disadvantages in early childhood. Developing business as well as political cultures provide the context for studies of leadership, team working, and goal setting. Obvious social problems have produced an urgent need to understand more about prejudice and about how to deal with the stresses and strains of modern life. It is likely that the development of psychology in the next century will continue to be influenced by the social and environmental problems we face. At present, psychologists are still working to understand more about the effects of traumatic experiences on memory, and on the determinants of different types of forgetting and 'recovering' memories, and in areas like this one, partial answers are more common than complete ones. The product of research is often to refine the questions that guide future hypotheses.

Today psychology is a far more diverse subject than it was even fifty years ago, as well as a more scientific one. Its complexity means that it may never develop as a science with a single paradigm, but will continue to provide an understanding of mental life from many different perspectives – cognitive and behavioural, psychophysiological, biological, and social. Like any other discipline, it is the site of conflicting theories as well as agreement, which makes it an exciting discipline within which to work. For example, the more experimental and the more humanistic branches of psychology separated long ago, and have largely developed separately. Perhaps one of the more exciting challenges for psychologists today is in bringing together the products of some of its different specializations. This kind of endeavour has contributed to the development of 'cognitive science', in which scientists from many different fields, not just psychology, are now working together to further our understanding of mental functions – of brain *and* behaviour. Psychologists have always been interested in the biological basis of human life and behaviour, and are now contributing to a developing understanding of how genes and the environment – nature and nurture – interact.

Similarly, close collaboration between research psychologists and their clinical colleagues opens up exciting possibilities. To mention just two of these: advances in the scientific understanding of the developing relationship between an infant and its care-giver could potentially clarify how attachment patterns may set a person on a certain (measurable) pathway which makes subsequent psychopathology more or less likely. Early claims that were once not testable are becoming so as different branches of psychology come together and the people working in them learn from each other. Second, theoretical models which illuminate the relationships between four main aspects of human functioning, thoughts, feelings, bodily sensations, and behaviour, are being constructed taking into account the observations made in the clinic. These complex models have implications not just for understanding mental processes and the determinants of present behaviour, but also for explaining the influence of past experiences and for improved treatments for psychological problems. Undoubtedly future research will raise as many questions as it answers and, equally certainly, psychology will continue to fascinate people – those who know about it only from their own subjective experience as well as those who make it their life's work.

Glossary

The glossary defines the technical words that appear in the text and some common words that have special meanings when used in psychology.

Ability: Demonstrable knowledge or skill. Ability includes aptitude and achievement.

Abnormal psychology: The branch of psychology concerned with abnormal behaviour and clinical disorders.

Achievement: Acquired ability such as learning times tables.

Activity theory: A theory of ageing that suggests that the changes in behaviour with age are largely due to reducing levels of activity with age.

Adaptation: The ability to change in order to be better suited to a new environment – this can be at the level of the individual cell (i.e., as in when eyes adapt to seeing in the dark), or at the level of the organism.

Adolescence: In human beings, the period from puberty to adulthood, roughly the teenage years.

Aggression: Behaviour intended to frighten or harm another person.

Agoraphobia: Fear of being alone, or being in a public place where escape might be difficult or embarrassing, or help unavailable, should the individual be incapacitated by a panic attack.

Amnesia: A partial or complete loss of memory. May be temporary or permanent.

Anxiety: The emotion described as apprehension, worry, or fear.

Anxiety disorders: A group of mental disorders characterized by excessive or inappropriate anxiety that interferes with the individual's ability to lead a productive enjoyable life, e.g., panic disorder or agoraphobia.

Aptitude: The capacity to learn – aptitude tests are designed to predict the person's ability to learn a particular skill.

Association learning: Learning that certain contingencies exist between events – learning that one event is associated with another.

Attachment: The tendency of a young person or animal to seek proximity to, and feel more secure when with, a particular individual.

Attention: The focusing of perception leading to heightened awareness of a limited range of stimuli.

Attribution: The process by which we attempt to explain the behaviour of other people.

Audience effect: The observation that people, and even animals, work faster when they are being observed by others.

Autistic hostility: The hostility that is facilitated by not having any contact with another group and not understanding the reasons for their actions, and thus not being able to find out if negative interpretations of their behaviour are correct.

Availability heuristics: Estimating the probability of a certain type of event on the basis of how easy it is to bring to mind relevant examples.

Behaviour therapy/modification: A therapy that is based on the view that psychological distress results from learned behaviour that can be unlearned. Behaviour seeks to replace the dysfunctional or distressing behaviour with behaviour that is more useful in the person's current situation.

Biological approach: The study of the psychology of different species, inheritance patterns, and determinants of behaviour.

Bottom-up processing: Stimulus-driven processing which is triggered by seeing something in the external world which triggers a set of internal cognitive processes.

Classical conditioning: Learning in which a neutral stimulus (unconditioned stimulus) and a stimulus (unconditioned stimulus) that naturally provokes a certain response (unconditioned response) become associated so that the previously neutral stimulus is able to provoke the response.

Clinical psychology: The branch of psychology concerned with mental illness and psychological distress.

Coaction effect: The observation that people work faster when they can see others working, even though they are not in competition with each other.

Cognitions: Beliefs, thoughts, attitudes, expectations, and other mental events.

Cognitive-behaviour therapy: A school of therapy in which both maladaptive thoughts and behaviours are thought to be responsible for psychological distress, In therapy the patient and therapist work together to change the maladaptive beliefs and learn new patterns of behaviour.

Cognitive labelling theory: The theory that suggests that emotional experience is due to a combination of physiological arousal and the labelling, or interpretation, of the physiological sensations experienced during that arousal.

Compulsion: A repetitive, stereotyped, and unwanted action that can be resisted only with difficulty. It is often associated with obsessions.

Concepts: Abstract categories that we use to helps us to simplify, summarize, and organize what we know.

Conformity: The process by which an individual feels pressure to change his/her opinion to conform to the majority view.

Contingency: A conditional relationship between two objects or events, describable by the probability of event A given event B, along with the probability of event A in the absence of event B.

Convergent thinking: A type of problem solving that involves following a set of steps or rules which appear to converge on one correct solution to the problem.

Cortex: The convoluted grey matter in the brain.

Critical periods: Refer to the idea that there are certain ages or time periods in human development that a skill must be acquired by, or it will be very difficult to acquire afterwards. For example, it has been suggested that if language is not learnt by the age of seven it will be very difficult to learn later in life.

Crystallized intelligence: A term used to refer to the type of intelligence that involves practical problem solving and knowledge, which comes from experience.

Culture-fair tests: Tests which have been developed in an attempt to be equally fair to all cultures – ideally such tests require no previous (culturally related) knowledge.

Deductive reasoning: A logical form of reasoning that follows rules, or premisses) in order to reach a valid conclusion.

Defence mechanisms: In psychoanalytic theory, strategies used to avoid or reduce the experience of anxiety, and to protect the person's ego.

Depression: A characteristic set of symptoms centring around feeling depressed or down, or losing interest or pleasure in activities that are normally enjoyed.

Deprivation: A state in which an organism or person is deprived of what it needs – often used to refer to children who are not having their basic needs for love and affection met.

Detachment: The process of a child gradually increasing its independence from an attachment figure.

Developmental stages: Refers to the idea that there are certain stages of development that must be progressed through in a certain order.

Diagnosis: A medical name for a mental disorder e.g, schizophrenia or panic disorder.

Disengagement theory: A theory of ageing that proposes that, as people age, a biological mechanism is activated that encourages them to gradually withdraw from society.

Divergent thinking: Exploring ideas freely and generating many potentially equally effective solutions.

Drive reduction theory: A theory of motivation that proposes that behaviours that successfully reduce a drive (such as eating to reduce hunger) will be experienced as pleasurable and thus, will be reinforcing.

Educational psychology: The branch of psychology that is concerned with people's (usually children's) performance and experience in the education system.

Ego: A concept of psychoanalytic theory that refers to the self, and to reason, good sense, and rational control.

Emotion: An affective state involving a characteristic pattern of facial and bodily changes, cognitive appraisals, subjective feelings, and tendencies toward action.

Ethnocentrism: The belief that one's own group (e.g., ethnic, religious) is superior to all others.

Existential approaches: The view that all behaviour is a rational response to an irrational world.

Exposure: Facing up to a feared stimulus.

Extroversion: Refers to a set of outgoing personality traits.

False memory syndrome: Refers to the idea that under certain conditions, memories that are not accurate can be created, without the individual being aware that the memories are not accurate.

Fluid intelligence: The type of intelligence that relates to the inborn ability to solve abstract problems, and does not depend on experience or knowledge.

Forensic psychology: The branch of psychology concerned with predicting, assessing, and treating criminal behaviour.

Free association: A technique of psychoanalytic theory in which the patient is instructed to say whatever comes to mind, regardless of how ridiculous or embarrassing it is, without attempting to censor. The therapist would then interpret the associations.

Fundamental attribution error: The tendency to see others as more responsible for their behaviour whilst attributing our own behaviour to circumstances.

Gestalt psychology: An approach to psychology that emphasizes the perception, learning, and mental manipulation of whole units rather than their analysis into parts.

Goal theory: A theory of motivation that attempts to explain behaviour in terms of individuals working harder in order to meet specific goals.

Habituation: The process by which receptors stop responding (or habituate) to a steady state (i.e., when there are no changes in the environment).

Hallucination: A perception that occurs in the absence of an identifiable stimulus e.g., hearing a voice that nobody else can hear.

Health psychology: The branch of psychology that deals with disorders that are on the border between psychology and medicine.

Homeostasis: The tendency of the body to maintain itself in a steady, stable condition with regard to physical processes such as temperature, water balance, blood sugar, and oxygen.

Humanistic psychology: An approach to psychology that emphasized personal growth and the achievement of human potential.

Id: In psychoanalysis, the part of personality containing inherited psychological energy, particularly sexual and aggressive impulses.

Incubation: A period in which the person is not consciously thinking about a problem, but in which a solution may occur to them.

Individual differences: Relatively persistent dissimilarities in structure or behaviour among persons or members of the same species.

Inductive reasoning: Reasoning about arguments in which it is improbable that the conclusion is false if the premisses are true.

Insight: In problem solving, suddenly realizing the answer to the problem, often through understanding relationships between different aspects of the problem.

Intelligence: That which intelligence test measure – the ability to learn from experience, think in abstract terms, process information rapidly, and deal effectively with one's environment.

Intelligence quotient (IQ): A scale unit used in reporting intelligence test scores based on the ratio between mental age and chronological age. The average IQ is 100.

Introspection: Using self observation to report on subjective internal (conscious) events or experiences.

Introversion: Refers to a set of personality traits characterized by the tendency to withdraw into oneself and avoid other people, especially at times of emotional stress.

Latent learning: Learning that is not demonstrated by behaviour at the time of learning but can be shown to have occurred by increasing the reinforcement for that behaviour.

Limbic system: A set of structures in the midbrain, forming a functional unit regulating motivational-emotional types of behaviour such as eating and sleeping.

Long-term memory: The relatively permanent component of the memory system.

Medical model: The view that abnormal behaviour is always a symptom of an underlying disease.

Memory: The facility of the brain for storing and retrieving information.

Mental age: A scale unit used in intelligence testing. If an intelligence test is properly standardized, a representative group of children aged seven should show an average mental age of seven. A child whose mental age is above his/her chronological age is advanced, and vice versa.

Mental set: Ideas developed from previous experience of a problem or situation that prevent the person thinking creatively about the problem.

Motivation: A general term referring to the regulation of need-satisfying and goal-seeking behaviour.

Nature-nurture debate: The difficulty of determining the relative importance nature (heredity) and nurture (the effects of upbringing in a particular environment) on the individual.

Neuron: A unit of the nervous system.

Neuroticism: One of the dimensions in Eysenck's theory of personality, associated with certain personality traits (e.g., moody, anxious, restless).

Non-conscious thought: Thinking that goes on outside of conscious awareness.

Obedience: The tendency to comply with the wishes of an authority figure.

Observational learning: Learning by watching others.

Obsession: A persistent unwelcome intrusive thought, often suggesting an aggressive or sexual act.

Occupational psychology: The branch of psychology concerned with how people interact and perform in the workplace.

Operant conditioning: The strengthening of an operant response by presenting a reinforcing stimulus if the response occurs.

Panic disorder: An anxiety disorder in which the individual has sudden and unpredictable episodes of terror accompanied by sensations of intense physiological arousal (e.g., sweating, palpitations, faintness).

Perception: A term used to describe the processes involved in how we come to know what is going on around us; from the presentation of a physical stimulus to the phenomenological experiencing of it.

Personality: The characteristic patterns of behaviour, thought, and emotion that make up the individual character of the person.

Personality disorders: Ingrained, habitual, and rigid patterns of behaviour that severely limit the individual's adaptive potential.

Physiological psychology: Focuses on the influence of physiological state on psychology, and on the workings of the senses, nervous system, and brain.

Prejudice: A prejudgement that something or someone is good or bad on the basis of little or no evidence: an attitude that is resistant to change

Problem solving: The strategies that can be employed to find a solution to a problem e.g., breaking the solution to a problem into sub-goals.

Psychiatry: A branch of medicine concerned with mental health and mental illness.

Psychoanalysis: The method developed by Freud and extended by his followers for treating neuroses.

Psychoanalytic psychotherapy: A method of treating mental disorders based on the theories of Freud but briefer and less intense than psychoanalysis.

Psychosis: A mental illness in which thinking and emotion are so impaired that the individual is seriously out of contact with reality.

Psychotherapy: Treatment of psychological distress or mental illness by psychological means, usually refers to the talking therapies.

Punishment: A procedure used to decrease the frequency or intensity of a behaviour by presenting an aversive stimulus whenever the behaviour occurs.

Reasoning: The process of thinking logically, in the form of an argument.

Reinforcement: Altering the frequency of a behaviour by following it with either a pleasant stimulus (positive reinforcement) or an unpleasant stimulus (negative reinforcement).

Reliability: The self-consistency of a test as a measuring instrument.

Responsiveness: Understanding and sensitivity to a child's needs.

Reward: A synonym for positive reinforcement.

Scapegoat: A form of displaced aggression in which an innocent but helpless victim is blamed or punished in order to vent the scapegoater's frustration.

Schizophrenia: A group of mental disorders characterized by major disturbances in thought, perception, emotion, and behaviour. Thinking is illogical and may include delusional beliefs or the experience of hallucinating.

Secondary motives: Motives that are acquired or learned, and the needs they satisfy may or may not be related to primary motives. For example, the secondary motive for money may be required to fulfill the primary motive for food.

Self-actualization: A basic concept in humanistic theories of personality, referring to the individual's fundamental tendency towards maximum realization of their potential.

Self-esteem: The esteem in which one holds oneself.

Sensory deprivation: A condition in which sensory stimulation is markedly reduced, usually with detrimental effects on functioning.

Sensory processes: The subprocesses of the perceptual system that are closely associated with the sense organs. These processes provide selectively filtered information about the stimuli that impinge on us. Higher level processes use this information to form a mental representation of the stimulus.

Shaping behaviour: Modifying behaviour by rewarding successively closer approximations to the desired behaviour.

Short-term memory: The part of memory that has limited capacity and can maintain information only for a brief time.

Signal detection theory: A theory of the sensory and decision processes involved in psychophysical judgements, such as detecting weak signals in background noise.

Simple phobia: Excessive fear and avoidance of a specific animal, objects or situation in the absence of any real danger.

Social facilitation: The phenomenon in which an organism or person performs better when other members of its species are present.

Social norms: The unwritten rules that govern the attitudes and behaviour of a group or community.

Social phobia: Excessive fear and avoidance of embarrassing oneself in social situations.

Social psychology: The branch of psychology that studies social interaction and the ways in which individuals and groups influence each other.

Somatoform disorders: Disorders characterized by physical symptoms, such as pain, but for which no physical basis can be found and in which psychological factors appear to play a role.

Stereotype: A set of ideas about the personality traits or physical attributes of a class or group of people.

Stimulus: Some specific energy (e.g., light) impinging on a receptor sensitive to that kind of energy. Or any objectively describable situation or event that is the cause for an organism's response.

Subconscious processes: Relates to the workings of the mind that we are not aware of.

Superego: In Freud's theory of personality, the part corresponding most closely to the conscious mind, controlling behaviour through moral scruples. The superego is said to be an uncompromising and punishing conscience.

Systematic desensitization: A behaviour therapy technique in which hierarchies of feared situations are confronted in imagination or in reality, while the person is in a state of relaxation.

Theory: A set of assumptions advanced to explain existing observations and to predict new events.

Thinking: The ability to form representations of objects or events in memory, and to operate on these representations.

Top-down processing: Processing that relies more on internal processes such as what we expect to see or hear in a certain situation.

Trait theories: Theories of personality that attempt to characterize personality according to the scores an individual makes on a number of scales, each of which represents a trait, or dimension of personality.

Transference: In psychoanalysis, the patient's unconscious making the therapist the object of emotional response, transferring to the therapist responses appropriate to other persons important in the patient's past.

Type theory: The idea that human subjects can be classified into a small number of classes or types, each type having characteristics in common that distinguish its members from other types.

Unconditioned response: In classical conditioning, the response given originally to the unconditioned stimulus used as the basis for establishing a conditioned response to a previously neutral stimulus.

Unconditioned stimulus: In classical conditioning, a stimulus that automatically elicits a response, typically via a reflex, without prior conditioning.

Unconscious processes: Memories, impulses, and desires that are not available to consciousness. Some theories (e.g., psychoanalysis) suggest that such unconscious processes contain painful memories and wishes that have been repressed into the unconscious mind where they continue to affect behaviour even though we are not aware of them.

Validity: How much a test measures what it set out to measure.

Visual cortex: The area of the brain in the occipital lobe that is responsible for interpreting visual information.

References

Chapter 1

James, W. (1890/1950). *The Principles of Psychology* (vol. i). New York, Dover.

Chapter 2

Bruner, J. S., and Minturn, A. L. (1995). 'Perceptual identification and perceptual organization'. *Journal of General Psychology*, 53: 21–31.

Sacks, O. (1985). *The Man Who Mistook His Wife for a Hat.* London, Gerald Duckworth & Co. Ltd. (Picador, 1986).

Chapter 3

Bandura, A., and Walters, R. H. (1963). *Social Learning and Personality Development.* Orlando, Fla., Holt, Rhinehart & Winston.

Bartlett, F. C. (1932). *Remembering.* Cambridge, Cambridge University Press.

Luria, A. R. (1968). *The Mind of a Mnemonist* (trans. L. Soltaroff). New York, Basic Books.

Chapter 4

Evans, J. St B. T. (1989). *Bias in Human Reasoning.* Hove, Erlbaum Ltd.

Levine, M. (1971). 'Hypothesis theory and non-learning despite ideal S-R reinforcement contingencies'. *Psychological Review*, 78: 130–40.

Miura, I. T., Okamoto, Y., Kim, C.-C., Chang, C.-M., *et al.* (1994).

'Comparisons of children's representation of number: China, France, Japan, Korea, Sweden and the United States'. *International Journal of Behavioral Development*, 17: 401–11.

Chapter 5

Latham, G. P., and Yukl, G. A. (1975). 'Assigned versus participative goal setting with educated and uneducated woods workers'. *Journal of Applied Psychology*, 60: 299–302.

Maslow, A. H. (1954). *Motivation and Personality.* New York, Harper.

Miller, G. (1967). *Psychology: The Science of Mental Life*. London, Penguin Books.

Ornstein, R. (1991). *The Evolution of Consciousness: The Origins of the Way We Think.* New York, Touchstone.

Schachter, S., and Singer, J. R. (1962). 'Cognitive, social and physiological determinants of emotional state'. *Psychological Review*, 69: 379–99.

Chapter 6

Bowlby, J. (1951). *Maternal Care and Mental Health.* World Health Organization Monograph Series No. 2. Geneva, World Health Organization; repr. (1966) New York, Schocken Books.

Erikson, E. H. (1968). *Identity, Youth and Crisis.* New York, Norton.

Chapter 7

Cattell, R. B. (1963). 'Theory of fluid and crystallized intelligence: a critical experiment'. *Journal of Educational Psychology*, 54: 1–22.

Eysenck, H. J. (1965). *Fact and Fiction in Psychology.* Harmondsworth, Penguin Books Ltd.

Chapter 8

American Psychiatric Association (1994). *Diagnostic and Statistical Manual of Mental Disorders* (4th edition). Washington, DC, APA.

Chapter 9

Aronson, E., and Osherow, N. (1980). 'Co-operation, pro-social behaviour and academic performance: experiments in the desegregated classroom'. *Applied Social Psychology Annual*, 1: 163–96.

Milgram, S. (1974). *Obedience to Authority: An Experimental View*. New York, Harper & Row.

Sherif, M., Harvey, O. J., White, B. J., Hood, W. R., and Sherif, C. W. (1961). *Intergroup Conflict and Co-operation: The Robbers' Cave Experiment*. University of Oklahoma Press.

Further Reading

Introductory books

These introductory texts are for those who are beginning to develop an interest in psychology whether or not they are still at school. Most of them provide a general overview and the book by Richard Gross, on *Key Studies in Psychology*, is recommended because it gives detailed summaries of thirty-five original articles. These give readers an immediate impression of the scientific material on which psychology is based and a sense of the excitement that comes with the process of discovery.

Eysenck, M. W. (1994). *Perspectives on Psychology.* Hove, Lawrence Erlbaum Associates.

Gross. R. D. (1994). *Key Studies in Psychology* (2nd edition). London, Hodder & Stoughton.

Hayes, N. (1994). *Teach Yourself Psychology.* London, Hodder Headline plc; Lincolnwood, Ill., NTC Publishing Group.

Wade, C., and Tavris, C. (1997). *Psychology in Perspective* (2nd edition). New York, Addison Wesley.

Textbooks for students of psychology

These textbooks provide more detail about all of the main areas studied in psychology, and are a selection of those recommended by teachers of undergraduate psychology courses. They are all well-organized books that students have found enjoyable as well as informative, and which include up-to-date material.

Atkinson, R. L., Atkinson, R. C., Smith, E. E., Bem, D. J., and Nolen-Hoeksma, S. (1996). *Introduction to Psychology* (12th edition). Orlando, Fla., Harcourt Brace & Co.

Bowlby, J. (1997). *Attachment and Loss* (vol. i, 2nd edition). London, Century.

Butterworth, G., and Harris, M. (1995). *Principles of* Developmental *Psychology*. Hove, Lawrence Erlbaum Associates.

Coolican, H. (lead author) (1996). *Applied Psychology*. London, Hodder & Stoughton.

Eysenck, M. W. (1993). *Principles of Cognitive Psychology*. Hove, Lawrence Erlbaum Associates.

Gleitman, H. (1995). *Psychology* (4th edition). New York, W. W. Norton & Co.

Green, D. W., and others (1996). *Cognitive Science: An Introduction*. Oxford, Blackwell Publishing Inc.

Groeger, J. A. (1997). *Memory and Remembering*. Edinburgh, Addison Wesley Longman.

Gross, R. D. (1996). *Psychology: The Science of Mind and Behaviour* (3rd edition). London, Hodder & Stoughton.

Kalat, J. W. (1995). *Biological Psychology* (5th edition). Pacific Grove, Calif., Brooks/Cole Publishing Co.

Lord, C. G. (1997). *Social Psychology*. Orlando, Fla.; Holt, Reinhart & Winston.

Oatley, K., and Jenkins, J. M. (1996). *Understanding Emotions*. Oxford, Blackwell Publishing Inc.

Schaffer, H. R. (1996). *Social Development*. Oxford, Blackwell Publishing Inc.

Sternberg, R. J. (1996). *Cognitive Psychology*. Orlando, Fla.; Holt, Reinhart & Winston.

Storr, A. (1992). *The Art of Psychotherapy*. London, Butterworth Heinemann.

Wade C., and Tavris, C. (1993). *Psychology* (3rd edition). New York, HarperCollins.

Weiskrantz, L. (1997). *Consciousness Lost and Found.* Oxford, Oxford University Press.

Westen, D. (1996). *Psychology: Mind, Brain and Culture.* New York, John Wiley & Sons.

Books written for the general public

Psychology has always been of general interest, and there are many excellent books which make the subject accessible and interesting to those who are curious about some aspect of the way in which the mind works. Those listed here have been chosen because they are easy to read, useful, or of special interest.

Baddeley, A. (1996). *Your Memory: A User's Guide* (3rd edition). London, Prion.

Butler, G., and Hope, T. (1995). *Manage Your Mind: The Mental Fitness* Guide. Oxford, Oxford University Press.

Frankl, V. (1959). *Man's Search for Meaning.* New York, Pocket Books.

Goleman, D. (1996). *Emotional Intelligence.* London, Bloomsbury.

Gregory, R. L. (1997). *Eye and Brain: The Psychology of Seeing* (5th edition). Oxford, Oxford University Press.

Lorenz, K. (1996). *On Aggression.* London, Routledge. (First published in 1963.)

Luria, A. R. (1968). *The Mind of the Mnemonist* (trans. L. Soltaroff). New York, Basic Books.

Myers, D. G. (1992). *The Pursuit of Happiness.* New York, Avon Books.

Ornstein, R. (1991). *The Evolution of Consciousness: The Origins of the* Way *We Think.* New York, Touchstone.

Sacks, O. (1985). *The Man Who Mistook His Wife for a Hat.* London, Gerald Duckworth & Co. Ltd. (Picador, 1986)

Sutherland, S. (1992). *Irrationality: The Enemy Within.* London, Penguin Books.

“牛津通识读本”已出书目

古典哲学的趣味
人生的意义
文学理论入门
大众经济学
历史之源
设计，无处不在
生活中的心理学
政治的历史与边界
哲学的思与惑
资本主义
美国总统制
海德格尔
我们时代的伦理学
卡夫卡是谁
考古学的过去与未来
天文学简史
社会学的意识
康德
尼采
亚里士多德的世界
西方艺术新论
全球化面面观
简明逻辑学
法哲学：价值与事实
政治哲学与幸福根基
选择理论
后殖民主义与世界格局

福柯
缤纷的语言学
达达和超现实主义
佛学概论
维特根斯坦与哲学
科学哲学
印度哲学祛魅
克尔凯郭尔
科学革命
广告
数学
叔本华
笛卡尔
基督教神学
犹太人与犹太教
现代日本
罗兰·巴特
马基雅维里
全球经济史
进化
性存在
量子理论
牛顿新传
国际移民
哈贝马斯
医学伦理
黑格尔

地球
记忆
法律
中国文学
托克维尔
休谟
分子
法国大革命
民族主义
科幻作品
罗素
美国政党与选举
美国最高法院
纪录片
大萧条与罗斯福新政
领导力
无神论
罗马共和国
美国国会
民主
英格兰文学
现代主义
网络
自闭症
德里达
浪漫主义
批判理论

德国文学
戏剧
腐败
医事法
癌症
植物
法语文学
微观经济学
湖泊
拜占庭
司法心理学
发展
农业
特洛伊战争
巴比伦尼亚
河流
战争与技术
品牌学
数学简史
儿童心理学
时装
现代拉丁美洲文学
卢梭
隐私
电影音乐
抑郁症
传染病
希腊化时代
知识
环境伦理学
美国革命
元素周期表
人口学
社会心理学
动物
项目管理
美学
管理学
电影
俄罗斯文学
古典文学
大数据
洛克
幸福
免疫系统
银行学
景观设计学
神圣罗马帝国
大流行病
亚历山大大帝
气候
第二次世界大战
中世纪
工业革命
传记
公共管理